探险家

ADVENTURES IN THE REAL WORLD

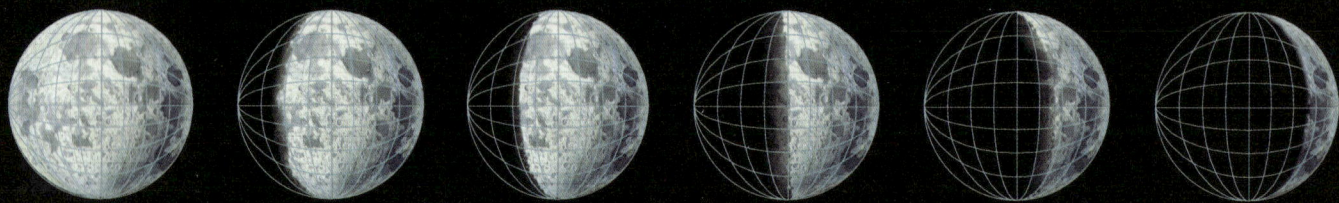

太空漫游

The Story of the Exploration of Space

[英]佩妮·克拉克 著

[英]大卫·安契姆 图

高伟 译

ARTTIME
时代出版

时代出版传媒股份有限公司

安徽科学技术出版社

［皖］版贸登记号：12161660

图书在版编目（CIP）数据

太空漫游 /（英）佩妮·克拉克著；（英）大卫·安契姆
图；高伟译.--合肥：安徽科学技术出版社，2017.9
（探险家）
ISBN 978-7-5337-7339-7

Ⅰ.①太… Ⅱ.①佩… ②大… ③高… Ⅲ.①宇宙
学-儿童读物 Ⅳ.①P159-49

中国版本图书馆 CIP 数据核字(2017)第 195644 号

TAIKONG MANYOU
太 空 漫 游

［英］佩妮·克拉克　著
［英］大卫·安契姆　图　高伟　译

出 版 人：丁凌云　　　选题策划：张　雯　　　责任编辑：张　雯
责任校对：程　苗　　　责任印制：李伦洲　　　封面设计：武　迪
出版发行：时代出版传媒股份有限公司　　http://www.press-mart.com
　　　　　安徽科学技术出版社　　　　　http://www.ahstp.net
　　　　　（合肥市政务文化新区翡翠路 1118 号出版传媒广场，邮编：230071）
　　　　　电话：(0551)63533330
印　　制：三河市南阳印刷有限公司　　　电话：(0316)3654999
（如发现印装质量问题，影响阅读，请与印刷厂商联系调换）

开本：889×1194　1/16　　　印张：4　　　字数：100 千
版次：2018 年 5 月第 1 次印刷

ISBN 978-7-5337-7339-7　　　　　　　　　　定价：48.00 元

目 录

导　　读

　　太空浩瀚无垠，充满令人向往的未知之谜。就在20世纪以前，冲上云霄还仅是人类的美好愿景；而现在，我们建造了太空实验室、国际空间站，登上了月球，探测了火星……就是儒勒·凡尔纳，估计也从未想到：离他的时代不到一百年，人类竟能如此深入地了解太空！

　　让我们登上时间飞船，从人类最初的太空旅行梦读起，追寻人类为探索太空走过的足迹——火箭技术、远离地球和重返地球的过程、太空竞赛、飞船内部结构……；"阿波罗号""哥伦比亚号""土星5号""神舟6号"，这些飞船都成就过什么。相信你会乐在其中！

太空旅行梦

中国火箭

如今，太空旅行对某些人来说已成为现实。然而，我们的祖先在凝视月球和群星时，也曾有过这样的梦想吗？这当然不得而知。但有很多神话告诉我们，祖先们的确梦想过在空中飞行。尽管他们做了大量尝试，但直到20世纪，这样的梦想才得以实现。中国人在至少800年前就发明了火箭。遗憾的是，他们只将火箭做成有用的武器而已，就如现在的导弹一样。可有那么一天，火箭有了不同的作用，它能将人送入太空！

最早的火箭——约800年前，中国人发明了火箭。

1232年，中国人将炸药装进竹筒，制造出火箭，将其用作武器。在那之前，中国人发明火药已有几百年历史。

月 亮

那是人还是兔子？纵观历史，人们一直看到月球表面有"成型的人或物"。

宇航传说：在16世纪的一本书中，描写天鹅拖着男主角去到月亮上。

宇航科幻小说：儒勒·凡尔纳是法国著名科幻作家，他在1865年出版了《从地球到月球》一书，许多严肃认真的科学家都深受其影响。

齐奥尔科夫斯基是对的：多级火箭确实可以克服地心引力。

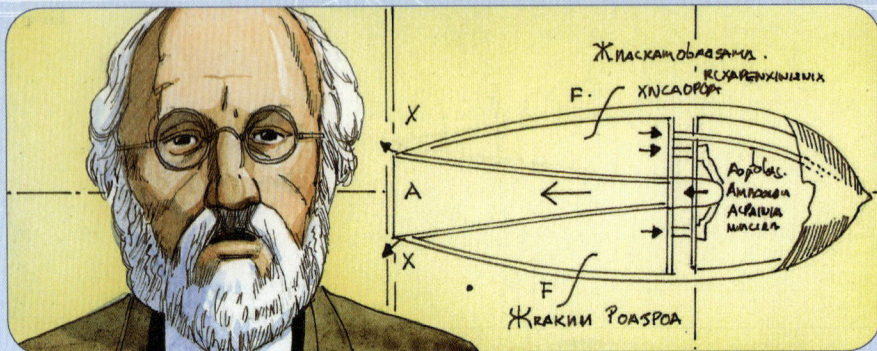

俄国科学家康斯坦丁·齐奥尔科夫斯基(1857—1935)被誉为太空旅行之父。他开创了多级火箭技术，认为这样的火箭才能克服地心引力。1903年，他提出液态燃料最适合作为火箭动力。

与齐奥尔科夫斯基一样，美国科学家罗伯特·戈达德(1882—1945)也认为，火箭只有采用液态燃料，才能将太空旅行变为现实。1929年，他设计制造了第一枚高空火箭。

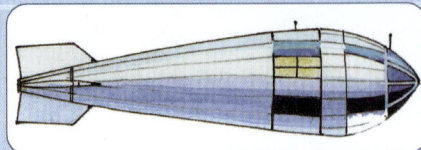

戈达德发明的首枚火箭，以汽油和液态氧为燃料，在升空12米以后落回地面。

第二次世界大战期间，德国科学家沃纳·冯·布劳恩研制出V-2弹道导弹。这种装上火药的导弹以液态燃料为动力，有超过1 400枚被发射去轰炸伦敦。

奇妙之事

1926年3月16日，戈达德在美国马萨诸塞州的奥本发射了首枚液态燃料助推火箭。研究飞行史的历史学家视其具有划时代的重大意义，与飞机发明者莱特兄弟的成就一样伟大（莱特兄弟在美国北卡罗来纳州的基蒂霍克首次让飞机上了天）。

首批太空旅行者

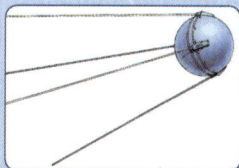

第一颗人造卫星"伴侣1号"。

在 1945年，第二次世界大战结束后不久，另一场战争又拉开了序幕，这便是大家熟知的"冷战"，在美国和苏联之间展开。这场战争不是武装部队在野外作战，而是科学家在秘密实验室里进行。尽管科学家发明的技术可以生产出具有空前战斗力和破坏力的武器，但这实际上是一场政治战争。美国一直确信自己拥有最好的科学家和设备，然而，1957年10月4日，苏联率先将第一颗人造卫星"伴侣1号"送入太空，这使美国人顿觉惶恐不安。

伴侣1号

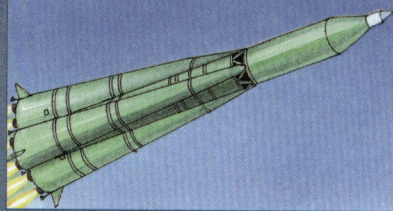

伴侣1号由一枚 SS-6 火箭送入轨道。苏联科学家用事实证明：齐奥尔科夫斯基和戈达德的观点是正确的，多级火箭可以脱离地心引力。

伴侣2号

又过了一个月，即 1957 年 11 月，苏联发射了伴侣 2 号，它比伴侣 1 号大一点，里面有首次进入太空的生物——一只莱卡犬。

第一个进入太空的生物：莱卡犬。

令人忧伤的是，这只莱卡犬没能在太空旅行中活下来。太空舱里的温度太高，卫星进入轨道几小时后它就死去了。

新成员

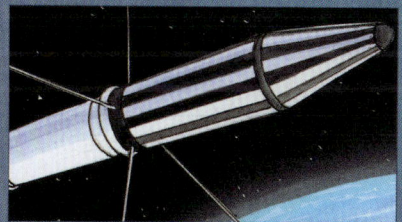

美国建造多级火箭的尝试最初未能成功，至少有一枚在发射台上就爆炸了。绝望之中，他们吸收了一位新成员，一起设计多级火箭，他就是已成为美国公民的沃纳·冯·布劳恩。

苏联宇航员试飞

尤里·加加林:第一个进入太空的人。

火箭点火发射,将加加林送入太空

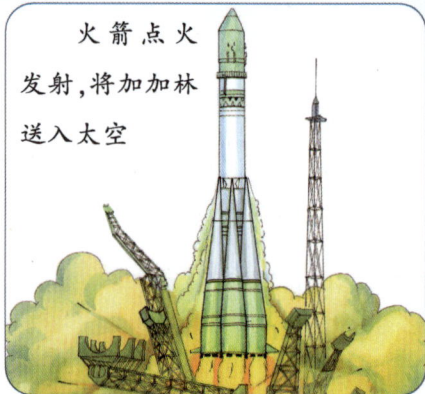

苏联的太空技术继续成功地向前发展。他们研制出体积更大的卫星,以及更为强大的火箭。随后,在1961年4月12日,用动物进行了几次试飞后,他们将名叫尤里·加加林的宇航员送入太空。载有加加林的宇宙飞船在轨道上环绕地球一圈后安全返回。

加加林乘坐的"东方Ⅰ号"载人飞船,4.8米长,但太空舱的直径只有2.3米。

太空掠影

"东方Ⅰ号"载着加加林穿过地球大气层,他看到的地球美景是从未有人见过的。

绕地球飞行

"东方Ⅰ号"绕地球仅飞行了一圈,每小时的速度超过27 000千米,随后便降低速度准备返回地球。

重返地球

飞船发射后,重返地球之际是最危险的操作,如果速度和角度稍有差池,飞船便会起火燃烧。

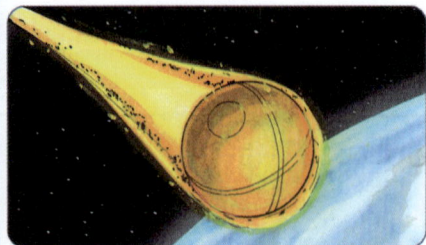

火球!

"东方Ⅰ号"返回地球大气层时,看起来就像一个火球。它的速度下降之际,舱内的加加林感觉到了强大的地心引力。

离开飞船

"东方Ⅰ号"返航时表现完美。随后,在离地面7 000米高时,加加林从飞船中弹出。苏联最初否认这个事实,可能是想让他们的成就看起来更为伟大。

返回地球

加加林随着张开的降落伞缓缓返回地面,降落在苏联的伏尔加河附近。另外的降落伞也带着"东方Ⅰ号"安全着陆。这是一次非常成功的太空行动!

太空竞赛开始

水星号航天器,1961—1963年用于执行美国的太空飞行任务。

苏联的太空行动获得巨大成功,这让美国极为尴尬。美国国家航空和宇宙航行局(NASA)早在1958年就已设立,确定要实现载人太空飞行。1961年初,NASA曾让一只黑猩猩在离地150英里（约合241千米）的外层空间航行,不过飞行时间很短,只有18分钟。要想让人进入太空,还需要解决火箭方面的一些问题。此时,加加林成功进行太空航行的消息传来,新上任的美国总统肯尼迪深感震惊。1961年5月,他发誓说,1970年以前,美国的宇航员要登陆月球并安全返回地球。这是针对苏联的挑战！太空竞赛就此开始。

1961年,艾伦·谢泼德驾驶航天器在太空遨游了15分钟

我们成功了！

1961年5月5日,艾伦·谢泼德驾驶"自由7号"成功完成太空飞行,这是太空竞赛的关键转折点。他是进入太空的第一位美国宇航员。尽管加加林几个星期以前到过太空,但现在美国开始追赶上来了。

美国的财政支持

肯尼迪许下诺言后,为了让NASA的太空行动获得成功,他给了NASA充足的资金保障。

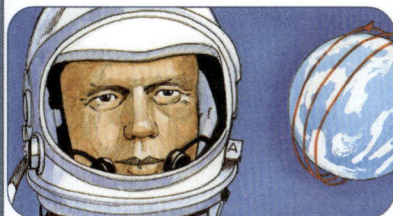

1962年,美国宇航员约翰·格伦绕地球飞行了3圈,最后驾驶飞船降落在大西洋海面上。

1962年,美国发射"电星1号"卫星。

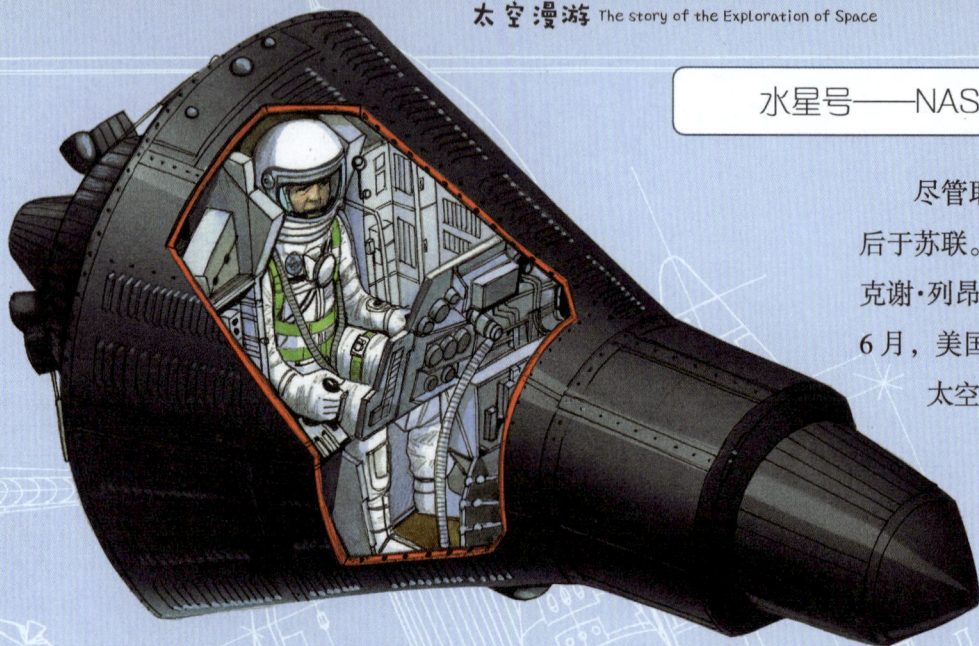

水星号——NASA第一批载人航天器

尽管取得了这些成功,但 NASA 仍落后于苏联。1965 年 3 月,苏联宇航员阿列克谢·列昂诺夫首次在太空"行走"。到了 6 月,美国宇航员爱德华·怀特也实现了太空行走。

水星号航天器(上图),用于 1961—1963 年,它们是美国的首批航天器。

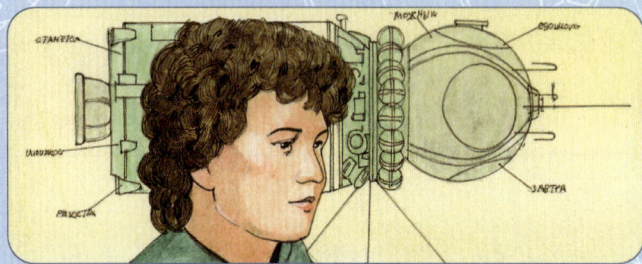

1963 年,苏联又有了一样"首次"记录。 瓦莲京娜·捷列什科娃成为首次进入太空的女性。她在 3 天内绕地球飞行了 48 圈。

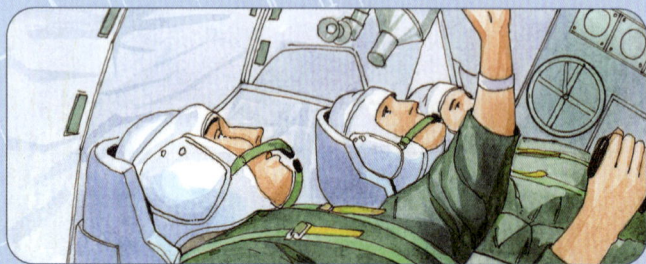

1964 年,苏联发射了"日出 1 号"宇宙飞船,因为飞船舱内充了空气,所以宇航员在舱内不需要穿航天服。

苏联早期的宇宙飞船

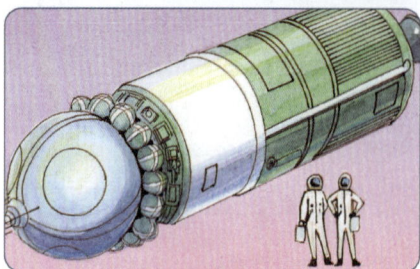

20 世纪 60 年代,苏联为太空飞行研制了 3 种不同的宇宙飞船,"东方号"载人飞船是最早的。

随着太空飞行时间的增长,航天器里需要更多的宇航员一起工作。1964 年,苏联工程师对"东方号"加以改进,研制出"日出号"宇宙飞船,可承载 3 名宇航员。

1967 年,苏联发射了"联盟 1 号"载人宇宙飞船。令人难过的是,这次飞行以悲剧结尾。"联盟 1 号"绕地球飞行 18 圈后,在返回地球时坠毁了。

阿波罗宇宙飞船的准备工作

美国"勘测者3号"探测器

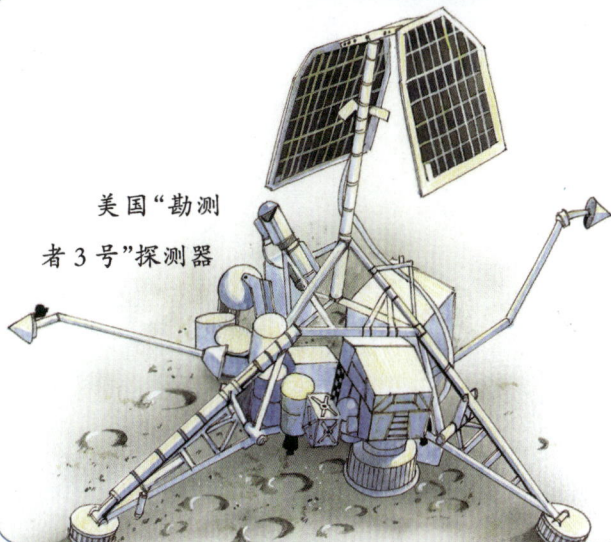

到了20世纪60年代中期，NASA的科学家面临巨大的压力：要让人类登陆月球，仍有大量工作需要完成，而要在1970年实现这个目标更是困难重重。但他们还是取得了一些进展，例如，苏联的阿列克谢·列昂诺夫在太空行走后，非常艰难才通过舱口回到宇宙飞船，但爱德华·怀特则没遇到这种困难。此外，载着列昂诺夫的宇宙飞船降落地面时，偏离了预定地点3 200千米。

双子星座飞船，1965年

人类登月技术取得进展之后，人们开始把注意力转向月球本身。它适合登陆吗？宇宙飞船会不会撞上火山？或是陷进厚厚的尘土之中？为了寻求答案，美国和苏联都发射了无人驾驶飞船（称为探测器）去往月球。

1965年6月，爱德华·怀特成为首位在太空行走的美国宇航员。

爱德华·怀特手持"喷气枪"在太空行走，一根安全带将他与飞船相连。

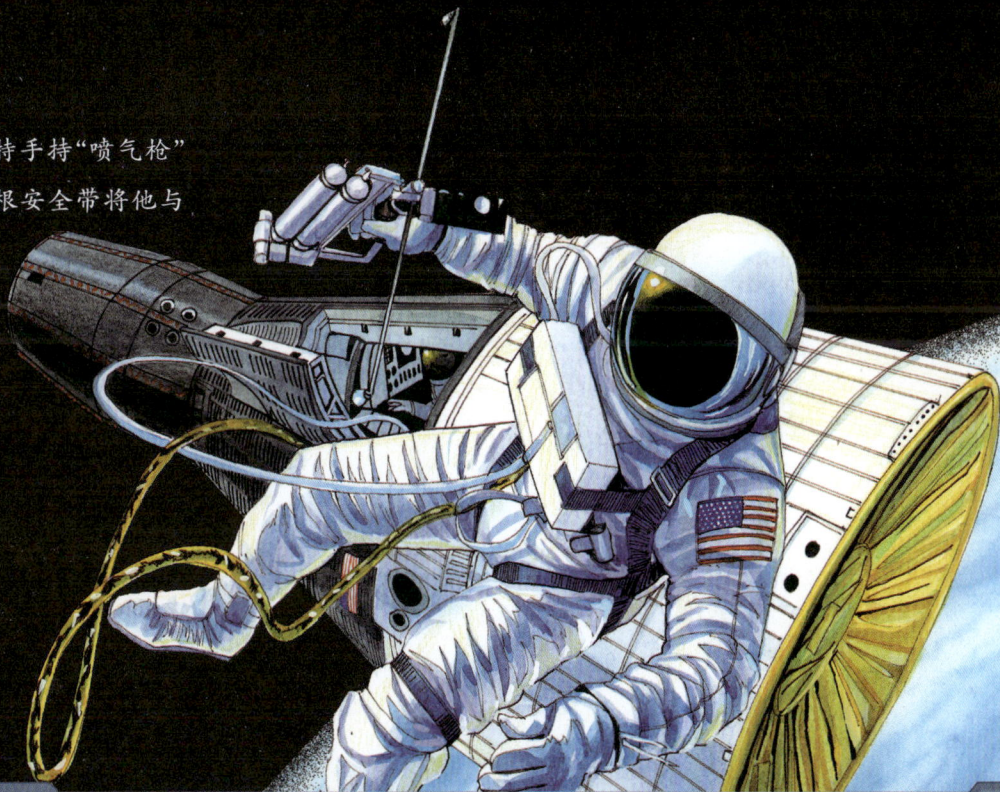

燃料箱、助燃
剂箱和压力箱

反推进火箭

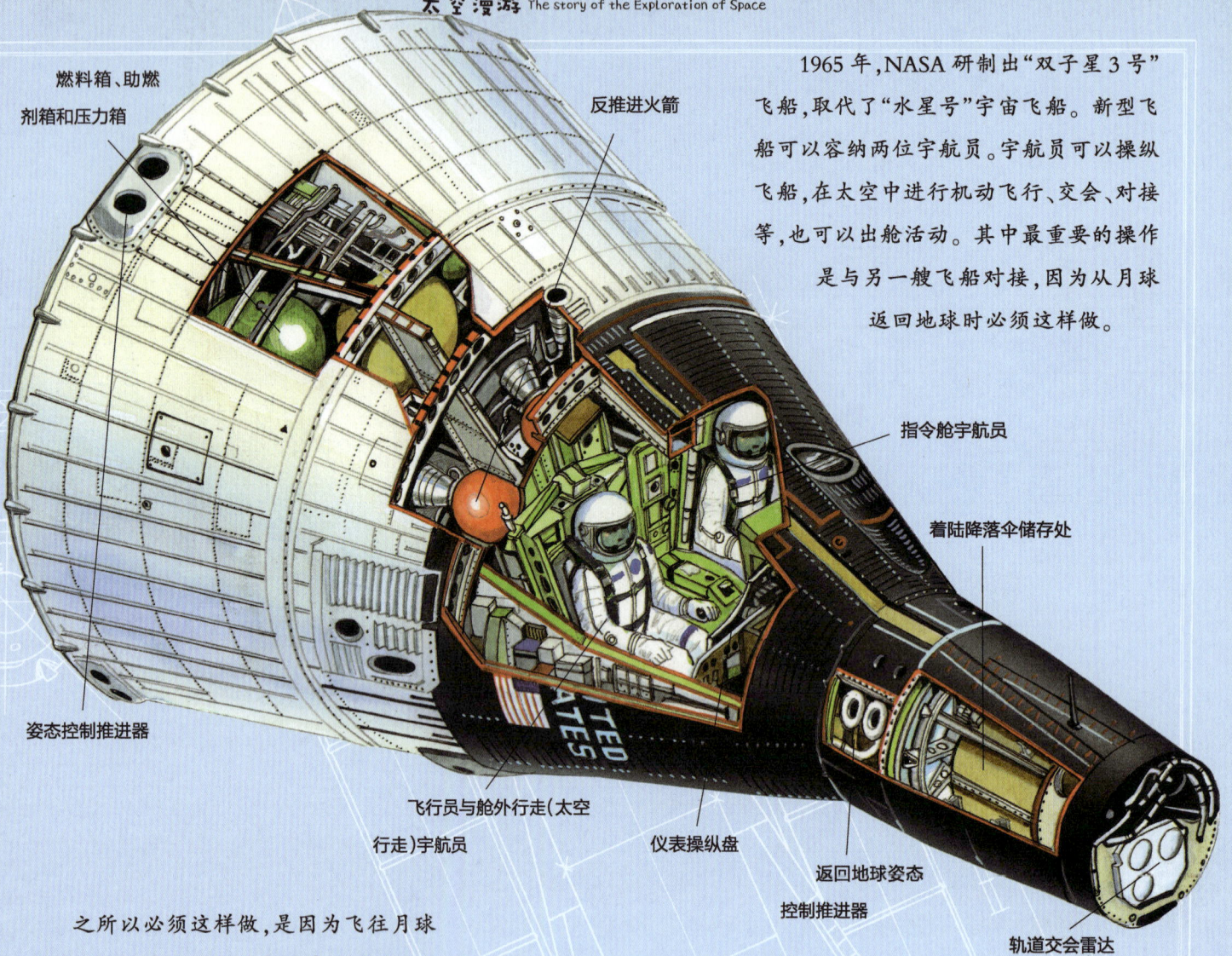

1965 年，NASA 研制出"双子星 3 号"
飞船，取代了"水星号"宇宙飞船。新型飞
船可以容纳两位宇航员。宇航员可以操纵
飞船，在太空中进行机动飞行、交会、对接
等，也可以出舱活动。其中最重要的操作
是与另一艘飞船对接，因为从月球
返回地球时必须这样做。

指令舱宇航员

着陆降落伞储存处

姿态控制推进器

飞行员与舱外行走(太空
行走)宇航员

仪表操纵盘

返回地球姿态
控制推进器

轨道交会雷达

之所以必须这样做，是因为飞往月球
的"阿波罗"宇宙飞船将由两部分构成：指
令舱和登月舱。进入月球轨道后，两个舱
会分离，登月舱降落在月球上，等宇航员
完成登月任务后，登月舱与指令舱再在月
球轨道上交会并对接，然后返回地球。

NASA

奇妙之事

在希腊神话中，阿波罗是迁徙和航海者
的保护神。20 世纪 60 年代中期，NASA 的喷
气推进实验室研发出数字图像处理技术，使
得计算机可以放大宇航员拍摄的月球照片。
现在医院也采用了类似技术，医生可以看到
人体内部器官的图像。

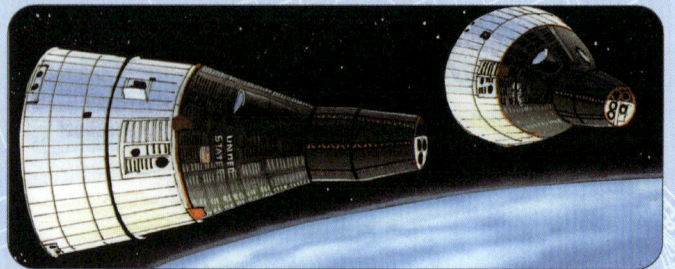

在预定的登月计划中，"阿波罗"宇宙飞船的两个舱要
在太空对接，准确完成这样的操作至关重要。1965—
1969 年，宇航员在"双子星"宇宙飞船中实践了这一操作
步骤。1965 年，"双子星 5 号"和"双子星 6 号"飞船实现
了相距仅数米的会和。

"阿波罗1号"和"阿波罗8号"

月球上的阴暗区被称为"月海",尽管我们知道那里并没有水。

第一艘阿波罗宇宙飞船在1968年升空。美国的太空事业遭受了几次挫折,其中之一便是"阿波罗1号"灾难(右图)。太空对人类来说,未解之谜还有很多。月球的背面有什么?飞船在返回地球大气层时会起火燃烧吗?失重会带来什么后果?计算机模拟技术可以提供一些线索,但只有载人飞行任务才能提供确凿无疑的答案。1968年12月,"阿波罗8号"升空,去完成这一使命。

1967年,阿波罗太空计划经历了一场大灾难。发射台上的"阿波罗1号"飞船起火,三位正在进行模拟演练的宇航员失去生命。在那以后,飞船中便减少了易燃材料的使用量。

熟能生巧:宇航员穿着笨重的太空服,在月球表面模型上使用工具。

但愿太空不会比这个"呕吐彗星"更糟糕!

但愿月球表面比这个模型有趣点儿!

宇航员要接受高强度训练。在月球表面模型上,他们要学会穿着笨重的宇航服走动及使用工具。航天地面指挥中心的科学家会模拟各种各样的紧急情况,看宇航员如何应对,让他们时刻保持警觉。

科学家在一架训练飞机里模拟出失重环境,很多人在这架飞机里有过晕机现象,因此它得到一个绰号"呕吐彗星"。

加压间

闪动灯标

甚高频天线

太阳能电池板

着陆舱

转移舱口

轨道舱

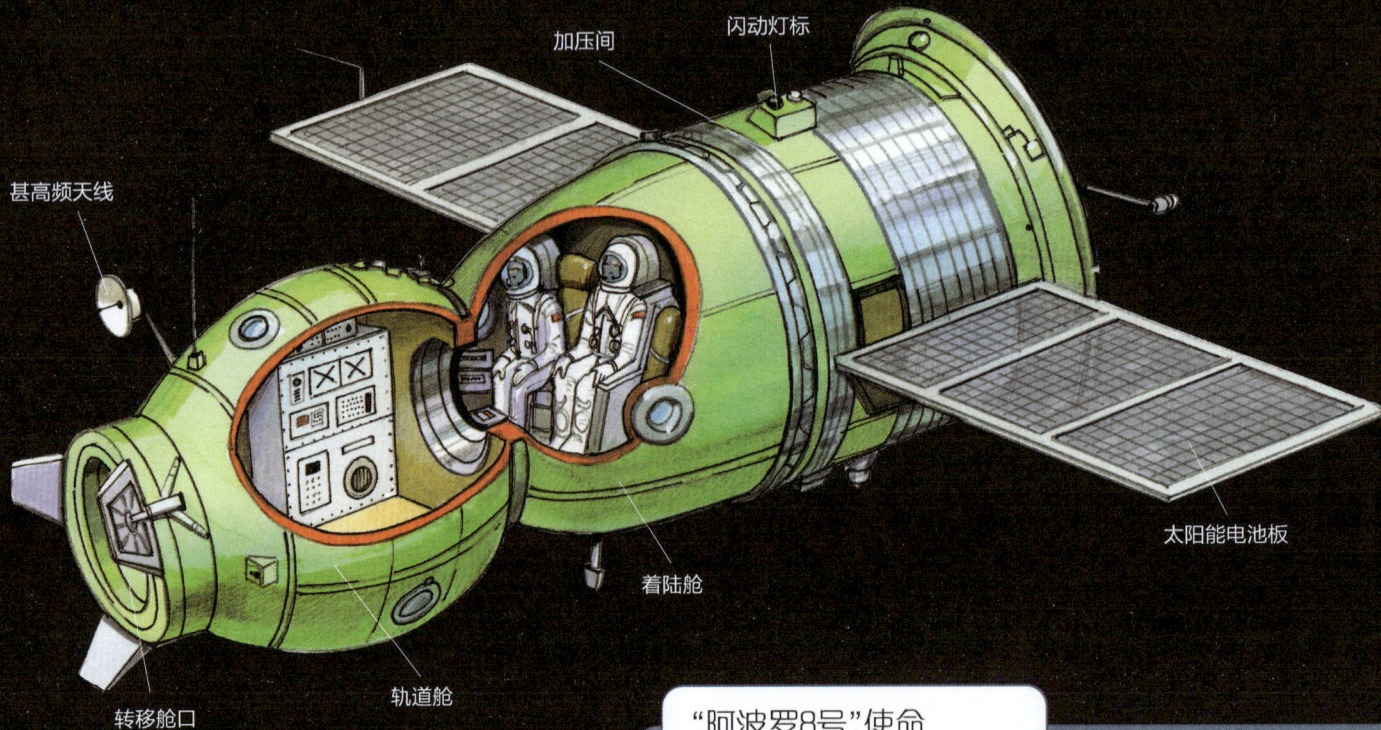

与此同时，苏联也在进行登月研究。1967年，苏联发射了"联盟1号"宇宙飞船，它可以承载两到三名宇航员。俄罗斯至今还在使用联盟号系列宇宙飞船。

"阿波罗8号"使命

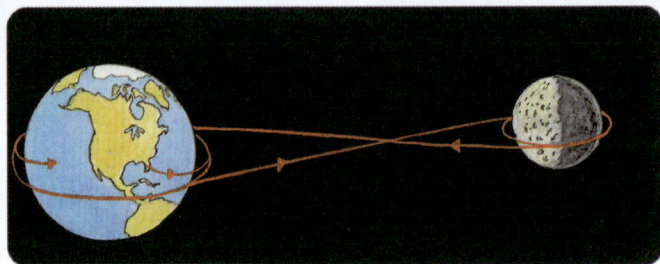

"阿波罗8号"实现了几样"第一"——三位宇航员是第一批离开地球轨道的人。1968年12月24日，他们还成为第一批看见月球背面的人。

"阿波罗8号"绕月球飞行了20小时，然后安全返回地球。它飞行到月球背面时，因无线电信号受阻，与NASA失去了联系，这让NASA深感焦虑。几位宇航员在那边看到了月球表面巨大的环形山坑，这是宇宙流星造成的。

"土星5号"运载火箭

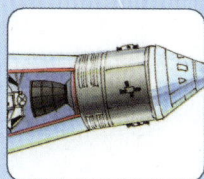

"土星5号"的照片

宇宙飞船需要强大的动力助其挣脱地心引力，沃纳·冯·布劳恩设计的"土星号"运载火箭便能提供这种动力。前六次阿波罗太空飞行任务便是用来专门测试土星号火箭的功能。"阿波罗8号"的成功航行使美国的太空计划进入另一阶段：让宇航员登陆月球。

在绕地球轨道上，"阿波罗9号"的宇航员实现了指令舱和登月舱的对接。

1969年，"阿波罗10号"进入太空测试登月舱。只有圆满完成这次任务后，登月计划才能继续进行。现在是紧要关头，不能失败。

头盔

手表

加压宇航服

> 穿起来可没看起来舒服！

引擎

第一级火箭

"土星 5 号"运载火箭比以前的任何火箭都大，因为必须如此才行。"阿波罗 11 号"非常重，布劳恩以前设计的任何火箭都无法承担其发射任务。"土星 5 号"由三部分构成（三级火箭），其设计正好能使"阿波罗 11 号"摆脱地心引力。每一级火箭耗尽燃料后，便会被丢弃。

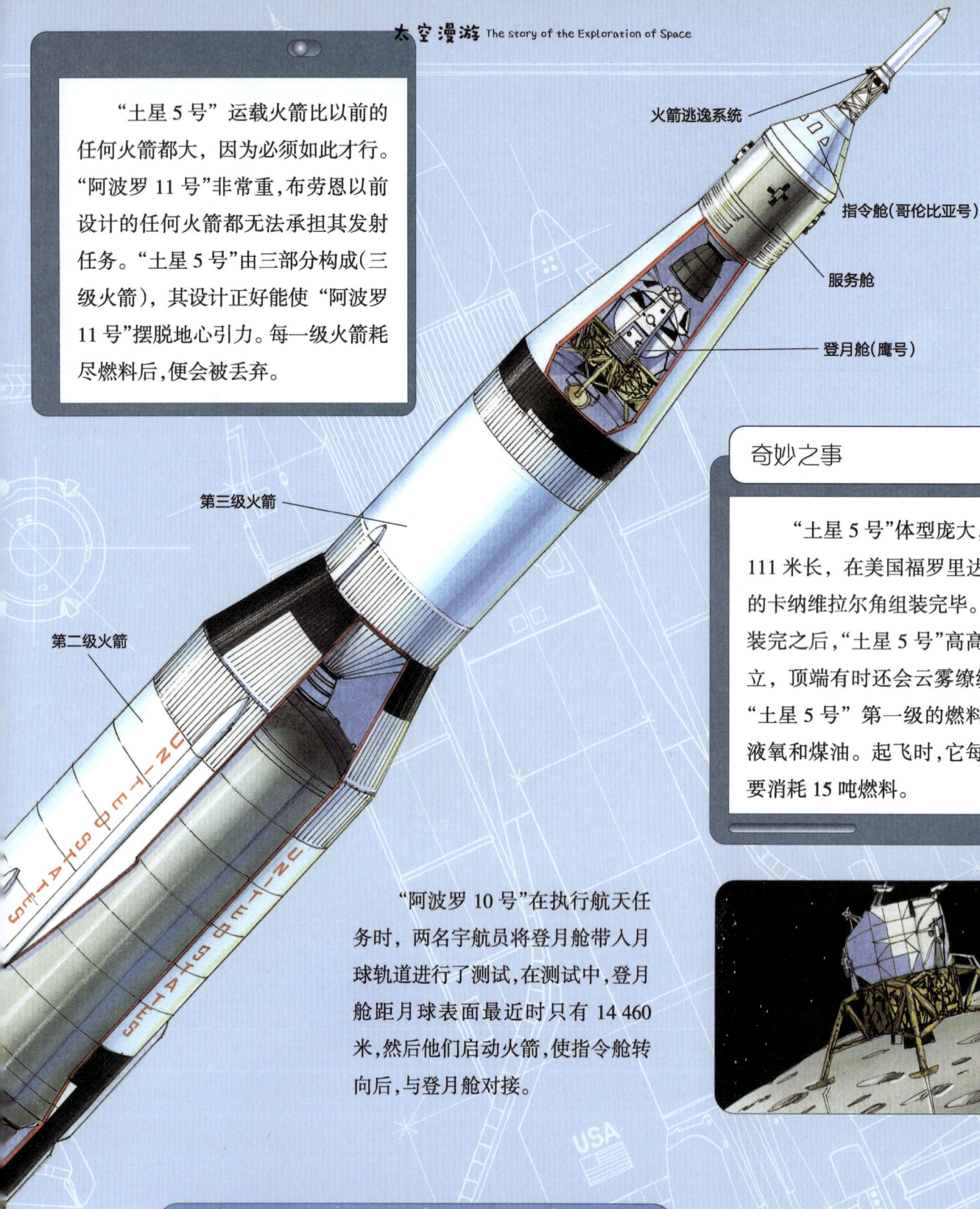

火箭逃逸系统

指令舱(哥伦比亚号)

服务舱

登月舱(鹰号)

第三级火箭

第二级火箭

奇妙之事

"土星 5 号"体型庞大，有 111 米长，在美国福罗里达州的卡纳维拉尔角组装完毕。组装完之后，"土星 5 号"高高耸立，顶端有时还会云雾缭绕！"土星 5 号"第一级的燃料是液氧和煤油。起飞时，它每秒要消耗 15 吨燃料。

"阿波罗 10 号"在执行航天任务时，两名宇航员将登月舱带入月球轨道进行了测试，在测试中，登月舱距月球表面最近时只有 14 460 米，然后他们启动火箭，使指令舱转向后，与登月舱对接。

就在美国发射"阿波罗 11 号"前三天，苏联发射了"月神 15 号"无人驾驶宇宙飞船飞往月球，这着实把 NASA 的科学家吓坏了！不过"月神 15 号"在月球上不幸坠毁了。

"阿波罗11号"升空

整装待发！

"阿波罗11号"预定1969年7月16日发射，有三名宇航员执行这次航天任务：指令长尼尔·阿姆斯特朗、指令舱驾驶员迈克尔·柯林斯以及登月舱驾驶员巴兹·奥尔德林。奥尔德林将驾驶登月舱与阿姆斯特朗一起登陆月球。在飞船发射前两小时，几名宇航员就在指令舱中准备就绪，舱门也关闭了。发射时刻来临之际，太空航行地面控制中心下达发射命令："准备！发射！"

太空航行地面控制中心位于美国得克萨斯州的休斯敦市，它是阿波罗探月任务的指挥中心。

7月16日，宇航员早早享用完早餐，然后穿上太空服，被带到发射台，那里正在有条不紊地进行发射前的各项准备工作。

任务徽章

发射！

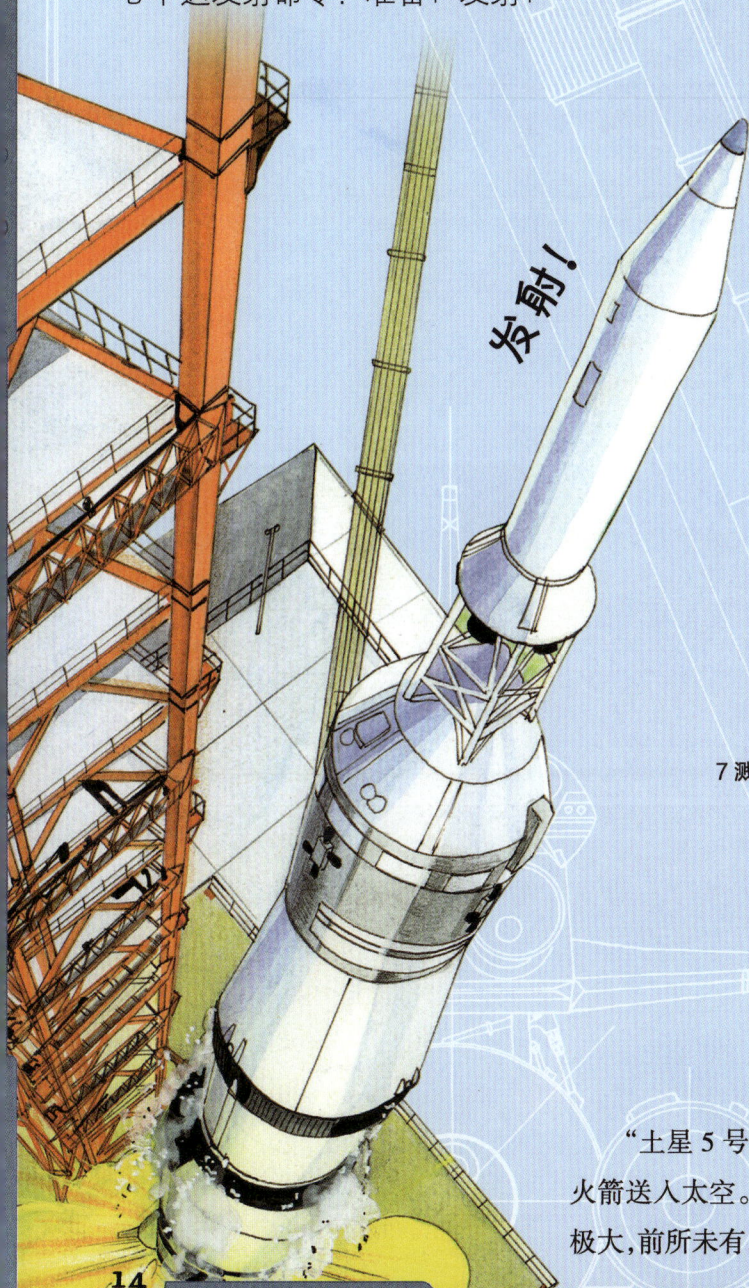

"土星5号"的引擎将巨大的火箭送入太空。这些引擎的噪音极大，前所未有。

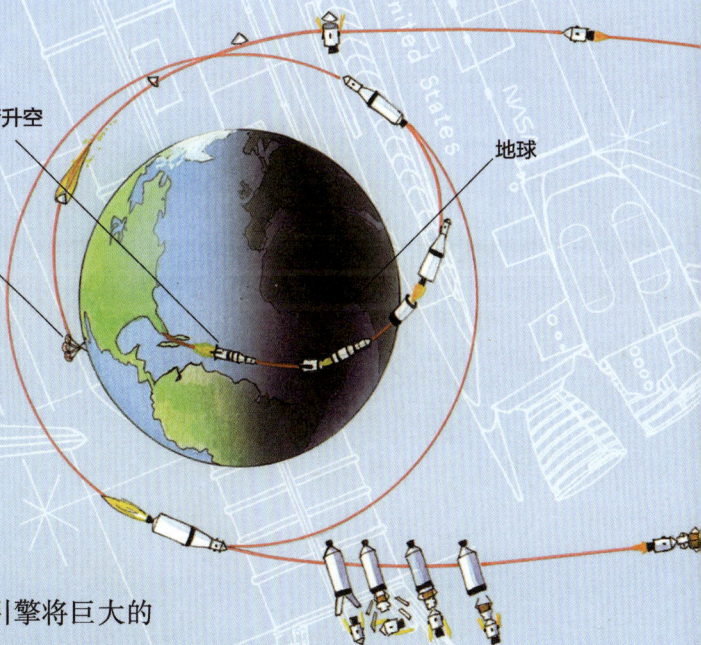

1 火箭升空

地球

7 溅落

2 "哥伦比亚号"与"鹰号"对接

发射

整装待发

"土星5号"极为庞大,仅加满其燃料箱就花了5个多小时,当时一共加了2 000吨高爆燃料。

点火!

引擎点火后,火箭末端看起来就像一个火球。地面开始震动,火箭随即发射升空。

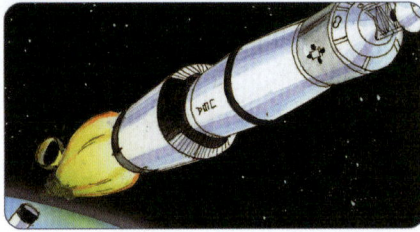

三级火箭

"土星5号"为三级火箭,这种设计能减轻其重量,还能减少燃料消耗。

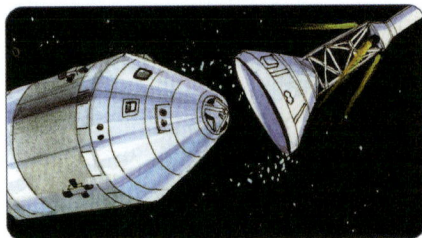

逃逸塔丢弃

火箭升空3分钟后,装在指令舱上的发射逃逸塔便会被丢弃。

第三级火箭点火

升空9分钟之后,"土星号"第二级火箭的燃料耗尽,接着便会被丢弃,这时只剩下第三级火箭继续航行。

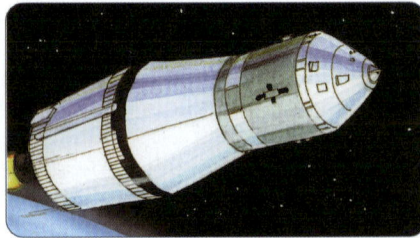

进入轨道

起飞11分钟后,"阿波罗11号"和"土星号"第三级火箭抵达绕地球轨道。下一个目的地:月球!

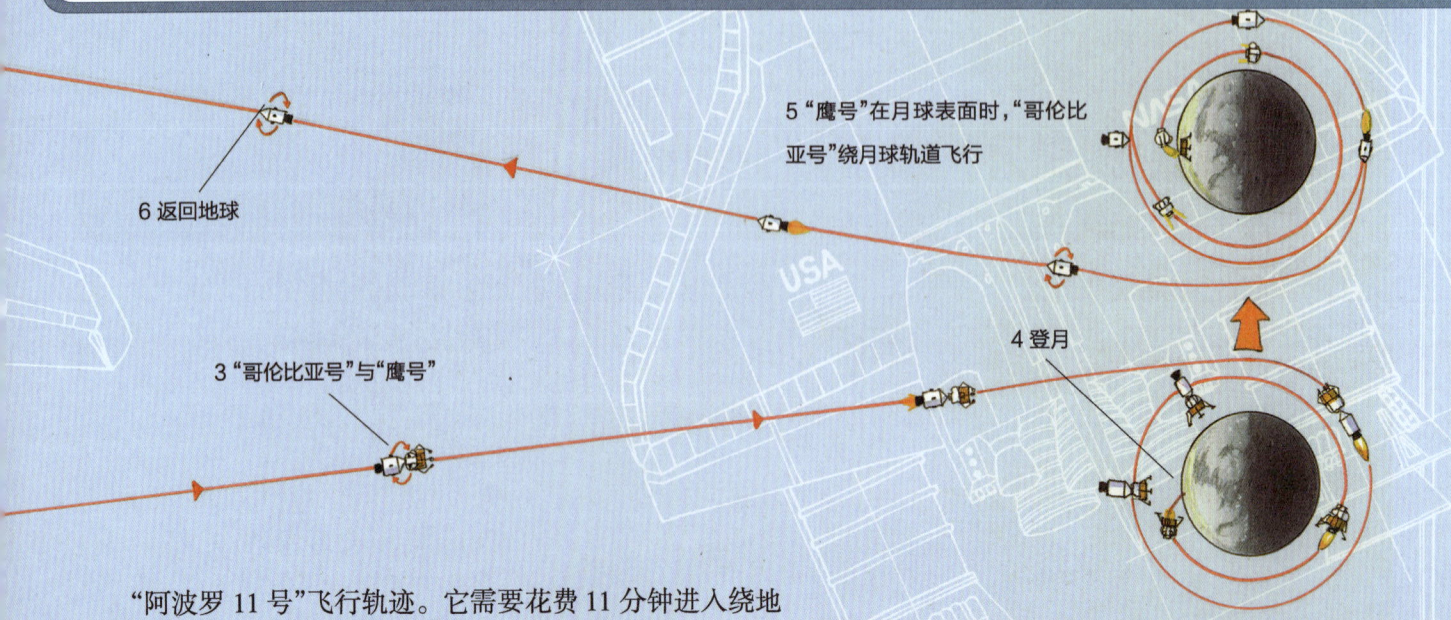

6 返回地球

5 "鹰号"在月球表面时,"哥伦比亚号"绕月球轨道飞行

3 "哥伦比亚号"与"鹰号"

4 登月

"阿波罗11号"飞行轨迹。它需要花费11分钟进入绕地球轨道,然后再飞行3天才能抵达月球。当然,在开始向月球飞行之前,它首先要得到地面控制中心的许可。

"哥伦比亚号"与"鹰号"

"哥伦比亚号"的推进器

"**阿**波罗11号"发射3小时之后，地面控制中心给宇航员下达了飞往月球的指令。一离开地球轨道，迈克尔·柯林斯就必须做出至关重要的操作。"鹰号"登月舱位于第三级火箭中，柯林斯必须将"哥伦比亚号"指令舱和服务舱与该火箭分离，然后将它们转个弯，返回与鹰号登月舱对接。

柯林斯操纵指令舱接近"鹰号"

我用手动控制器驾驶飞船，启动服务舱里的火箭推进器。

"哥伦比亚号"接近"土星5号"的第三级火箭时，保护"鹰号"的面板被丢弃。登月舱非常脆弱，无法在地球大气层里飞行。服务舱外的小型火箭为柯林斯提供助力，让他能驾驶服务舱接近"鹰号"。

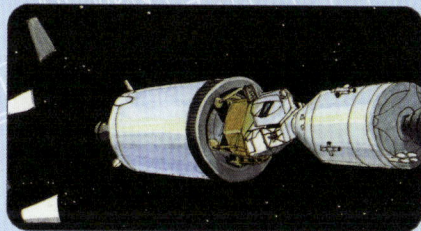

"哥伦比亚号"和"鹰号"成功对接。随后，柯林斯将"哥伦比亚号"转向，让"鹰号"脱离"土星5号"的第三级火箭。现在"鹰号"稳稳地位于"哥伦比亚号"前端，宇航员开始向月球前进，而"土星5号"的第三级火箭则被丢弃。

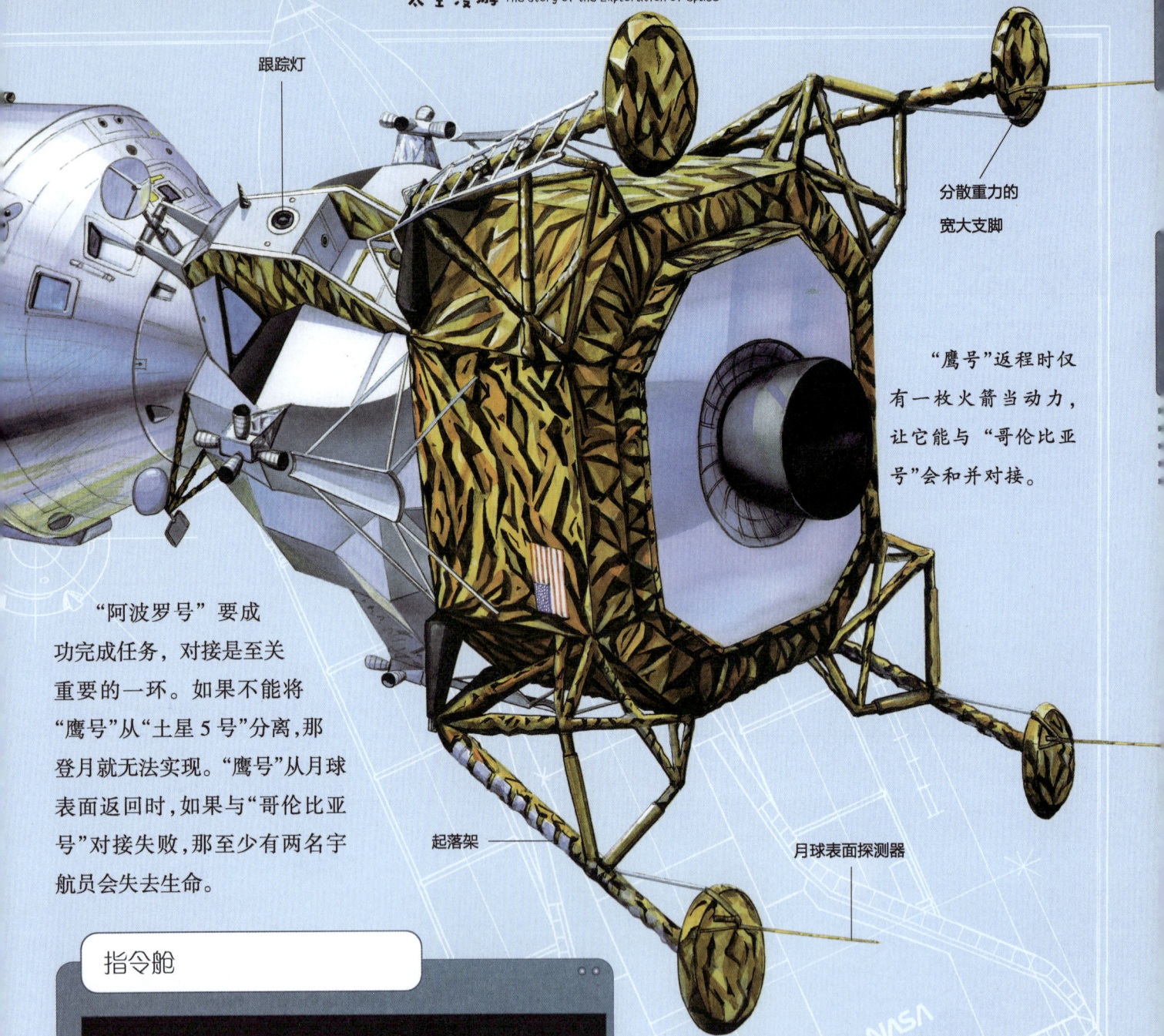

跟踪灯

分散重力的
宽大支脚

"鹰号"返程时仅
有一枚火箭当动力，
让它能与"哥伦比亚
号"会和并对接。

"阿波罗号"要成
功完成任务，对接是至关
重要的一环。如果不能将
"鹰号"从"土星 5 号"分离，那
登月就无法实现。"鹰号"从月球
表面返回时，如果与"哥伦比亚
号"对接失败，那至少有两名宇
航员会失去生命。

起落架

月球表面探测器

NASA

指令舱

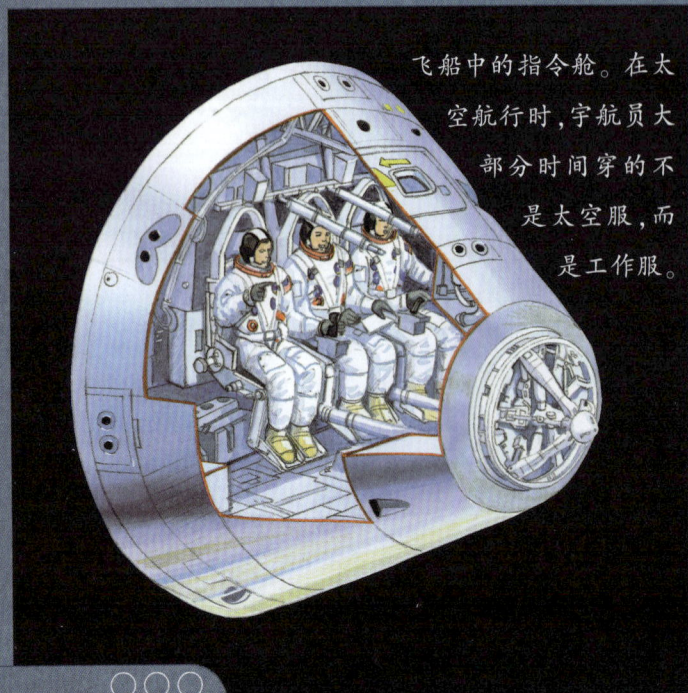

飞船中的指令舱。在太
空航行时，宇航员大
部分时间穿的不
是太空服，而
是工作服。

第一次登月成功，"鹰号"降落在
月球上。在登月舱快要着陆时，阿姆斯
特朗发现下面是布满岩石的陨石坑，
而此时燃料即将耗尽，如果"鹰号"倾
覆，他和奥尔德林都会丧命。

巨大的一步

因为月球上没有雨，也没有风，宇航员留在那里的脚印将留存成千上万年。

地面控制中心弥漫着紧张气氛。随后，大家听到了阿姆斯特朗的声音："休斯敦，这里是静海基地。'鹰号'着陆成功。"美国宇航员成为登上月球的第一人！但这次登月差点失败！"鹰号"着陆之际，仅剩下能维持20秒的燃料。大约6小时后，阿姆斯特朗和奥尔德林打开了登月舱舱门。阿姆斯特朗踏上月球之际，他说了一句闻名至今的话："这是个人的一小步，却是人类的一大步。"

个人的一小步，人类的一大步。

在着陆前的危险时分，奥尔德林无奈地告知阿姆斯特朗"鹰号"的高度和速度。

月球表面的引力只有地球的六分之一。尽管宇航员曾受过训练，以期能适应这种环境，但最初在月球上行走时还是显得很笨拙。

嗨！你看看这儿！

勋章和纪念物

大多数探险家首次登陆某地时，都会把国旗插在那片土地上，登月的宇航员也做了同样的事情。因为月球上没有风，他们用一根金属棒把旗帜撑开，还留下了勋章和徽章。（左上图）

宇航员在月球表面还留下了一块牌匾（上图），既是纪念那些为太空航行献出生命的先驱，也是纪念此次登月行动。牌匾上写着："我们为人类和平而来。"

两名宇航员在月球上待了两个半小时，收集了 22 千克岩石和土壤。后来的分析结果显示，那些岩石与地球上的相似，但岩石的年龄大得多。

美国国旗

激光精确测距反射器

电视摄影机

天线

传感器

太阳能电池

泥铲

地震仪

19

返回地球

阿姆斯特朗是最后一个离开月球的人。

进一步完成各种试验后，宇航员又在月球上安装了一些设备和一面激光镜，前者用于记录"月震"，后者用于测量月球和地球之间的精确距离。这之后，离开月球的时间来临，宇航员必须与"哥伦比亚号"会和。阿姆斯特朗关上"鹰号"的舱门，奥尔德林启动上升引擎。这是令人紧张不安的时刻：在执行整个任务的过程中，其他任何系统都有备用的，但这个引擎没有！幸运的是，一切正常！上升引擎顺利启动，"鹰号"也与"哥伦比亚号"顺利对接，一起踏上返回地球之旅。

宇航员给装了冷冻食物（如鸡肉、米饭等）的袋子注水，然后把"膳食"挤进嘴里。

装在塑料袋里的方便食品

就像妈妈喂养婴儿的方式……

飞离月球

"鹰号"顺利飞离月球，但它也留下了登月纪念物："鹰号"登陆月球表面时使用的着陆支架。

孤独的宇航员

"哥伦比亚号"飞到月球背面时，迈克尔·奥尔德林就与地球失去了联系，连"鹰号"也没了他的讯息。

重聚

看见另一艘飞船时，宇航员肯定深感欣慰。成功对接后，全体机组成员终于又聚在了一起！

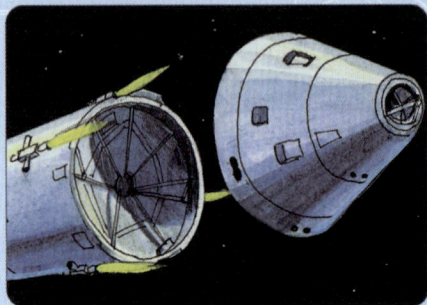

返回地球

"哥伦比亚号"以每小时 27000 千米的速度向地球飞行。在此期间，"鹰号"被丢弃，"哥伦比亚号"的服务舱也被丢弃，因其已再无用处。

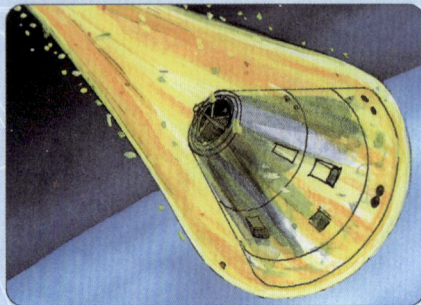

返回大气层

返回地球大气层时，飞船因摩擦产生极度高温，这是"哥伦比亚号"遇到的巨大危险。幸运的是，特殊材料建造的飞船外体经受住了考验。

跳伞降落

随着"哥伦比亚号"离地表越来越近，储存在飞船前椎体内的巨大降落伞会打开，降低飞船的下降速度。

溅落太平洋

"哥伦比亚号"溅落在太平洋上后，立刻发生倾覆，但张开的降落伞在上空将飞船紧紧拉住。

救援！

来自美国"大黄蜂号"航空母舰的直升机抵达现场。驾驶员打开舱门，向各位宇航员问好。美国的确成功做到了这一点：在 1970 年前让宇航员登上月球并安全返回！

回到陆地

直升机将宇航员吊进机舱，然后返回大黄蜂号。随后宇航员立即被送进一个特殊的隔离舱，以防他们身上带有致命细菌。

隔离

宇航员会被隔离，这是因为他们是首批登月者，而月球没有自然保护层，人们不知道他们有没有携带对人类有害的细菌，也不知道失重现象会不会影响他们的健康。在隔离期间，尼克松总统看望了他们。20 天后，医生宣布，宇航员的身体非常健康。

HORNET +3

PRESIDENT OF THE UNITED

最后的月球使命

自发射"阿波罗11号"后，美国又进行了另外6次"阿波罗登月行动"，其中5次获得成功，但"阿波罗13号"（右图）的任务却差点以灾难告终。另一方面，苏联可能因为在登月方面落后，便把注意力集中在了太空研究的其他方面。他们使用无人驾驶探测器去太空探险，这需要耗费大量金钱，不过，训练宇航员的花费则更为昂贵。此外，苏联还将空间站送入了绕地球轨道。

"阿波罗 13 号"发射 2 天后，飞船发生爆炸，损坏了指令舱中的生命保障系统。地面控制中心下令放弃登月计划。宇航员希望小小的登月舱能将他们安全带回地球。它竟然真的做到了！

"阿波罗13号"执行任务时发生爆炸！

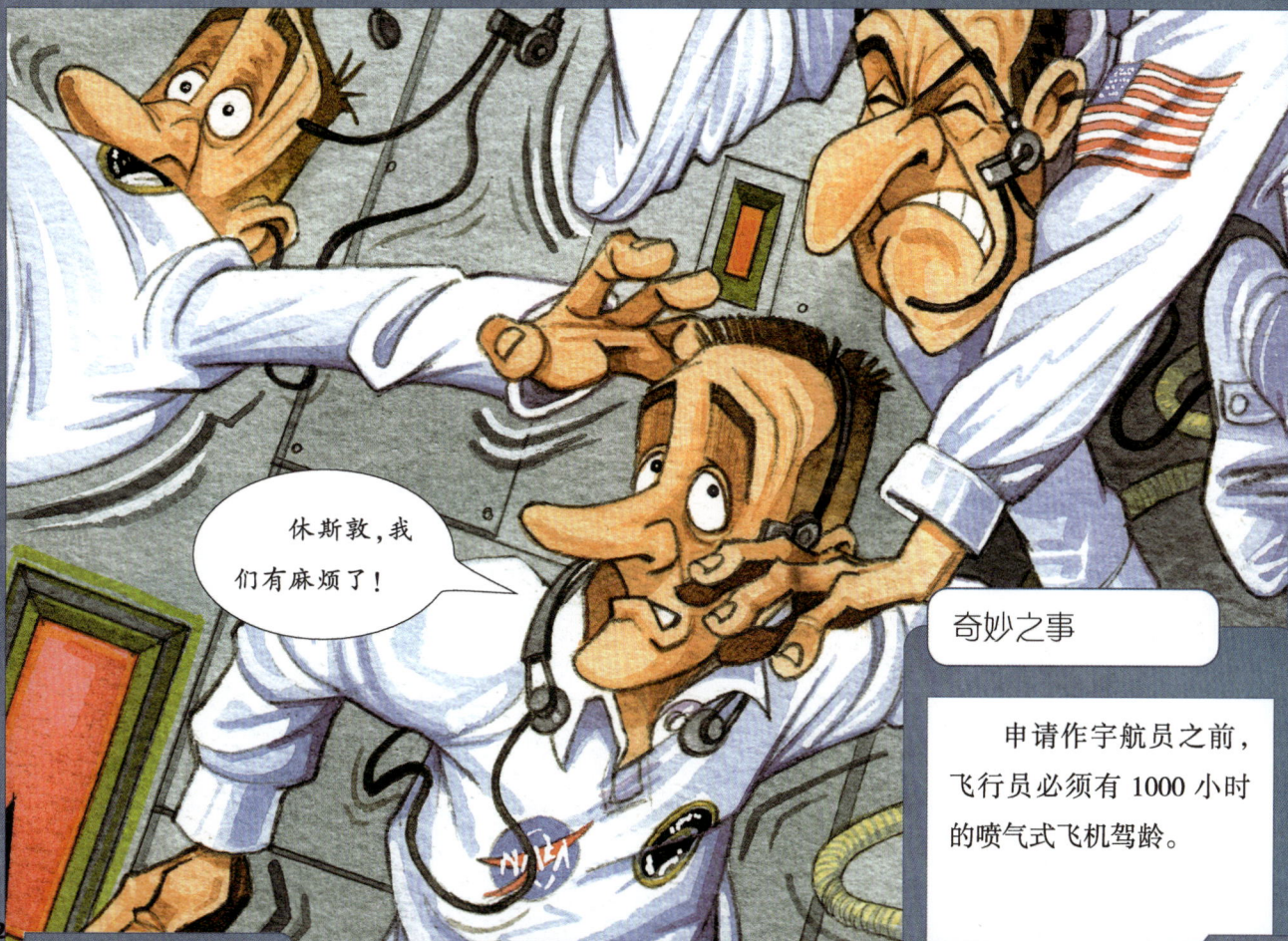

休斯敦，我们有麻烦了！

奇妙之事

申请作宇航员之前，飞行员必须有 1000 小时的喷气式飞机驾龄。

1972年，"阿波罗17号"发射，这是"阿波罗"载人飞船最后一次登月。宇航员尤金·塞尔南和哈里森·施密特在月球上待了22个小时，坐在电池提供能源的月球车上进行探测工作。月球车最远可以离开登月舱6公里。月球探险花费不菲，但国与国之间如果进行合作，就可以分担这些费用。

流星雨是源于自然的危险因素，但宇宙飞船强有力的双层表面能起到很好的保护作用，可使飞船免受影响。

此外还有各种人为风险。随着太空探险任务日益增多，太空垃圾也成为越来越大的问题。如果宇宙飞船在高速飞行时撞上废弃的卫星，那就会产生毁灭性的后果。

月球车

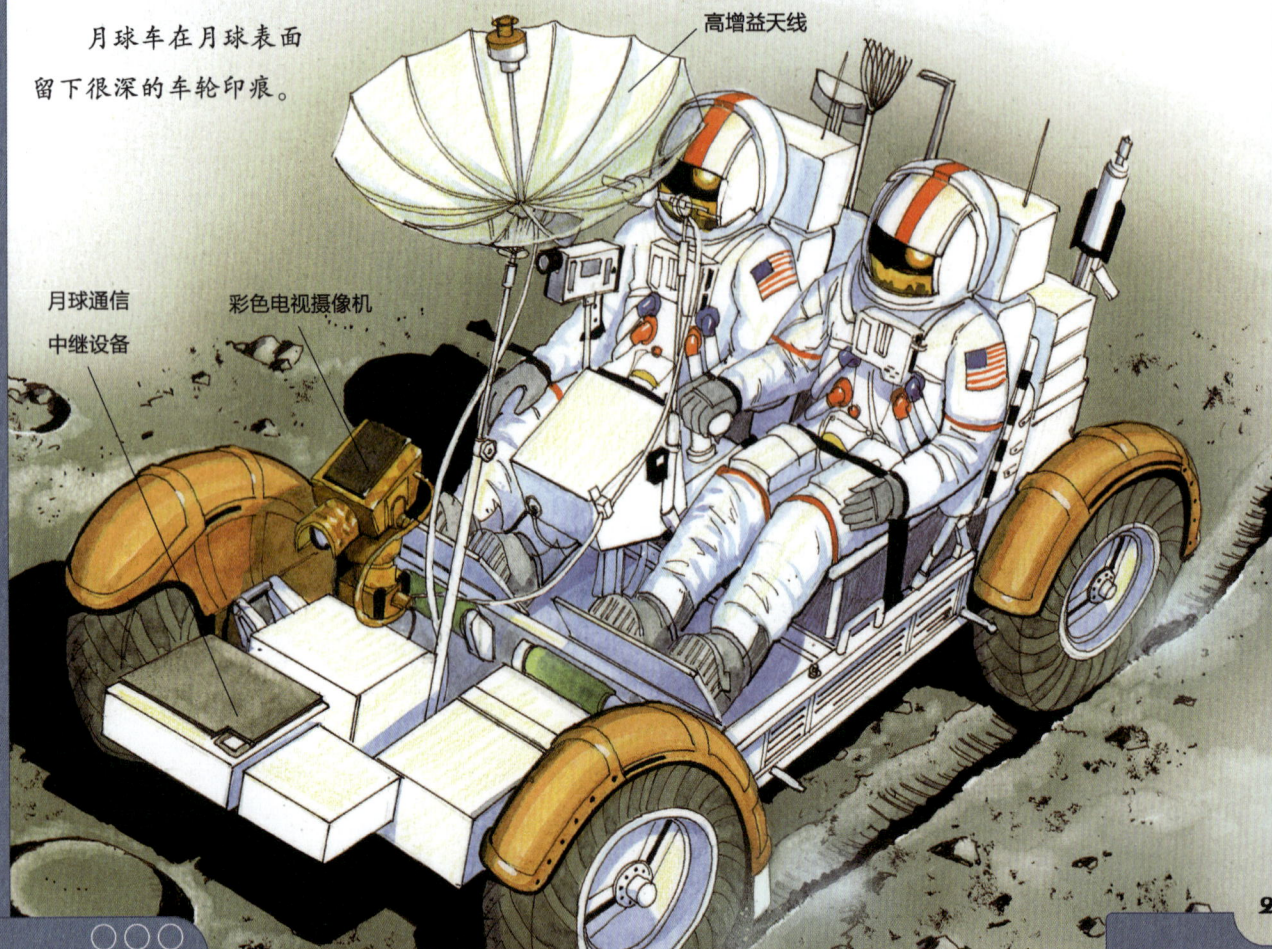

月球车在月球表面留下很深的车轮印痕。

高增益天线

月球通信中继设备

彩色电视摄像机

太空实验室与"礼炮号"

太空中的天气状况极端恶劣,为了保护太空实验室,宇航员需要为其装配遮阳伞。

美国虽然在太空竞赛中取得了胜利,但阿姆斯特朗和奥尔德林的登月之行花费巨大,NASA为此用了220亿美元。尽管苏联没有发布类似数据信息,但西方国家的研究人员猜测,其探险经费应该相差不大。在美国,人们对太空探险的热情已渐渐消退,原因有多种:没有明显效益;与大众无关;很浪费钱,因为这些宇宙飞船都只能使用一次。

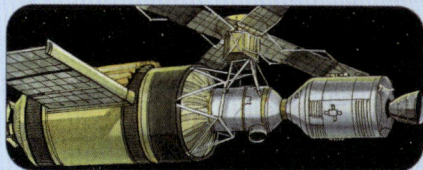

"阿波罗登月项目"于1972年12月结束。1973年5月,美国发射了第一个空间站:太空实验室。他们主要采用为"阿波罗"宇宙飞船研发的硬件,实验室载有三名宇航员。

1974年,苏联宇航员在"礼炮4号"空间站里创纪录地度过了63天。"礼炮7号"空间站是该系列最后一个空间站,1986年被废弃。

"联盟号"与"阿波罗号"在太空相遇

他们成功了!

与此同时,在地球上的控制中心里,到处都是祝贺的声音,可能还夹杂着欣慰的叹息声。

1975年,一艘苏联"联盟号"宇宙飞船与一艘美国"阿波罗"宇宙飞船对接,苏联宇航员通过连接两艘飞船的通道飘进"阿波罗号",受到美国宇航员的欢迎。他们现在是同事了,而不是竞争者!

苏联的下一个空间站是"和平号"，使用时间是 1986 年 2 月 20 日到 2001 年 3 月，宇航员在里面一次待的最长时间曾高达 6 个月。

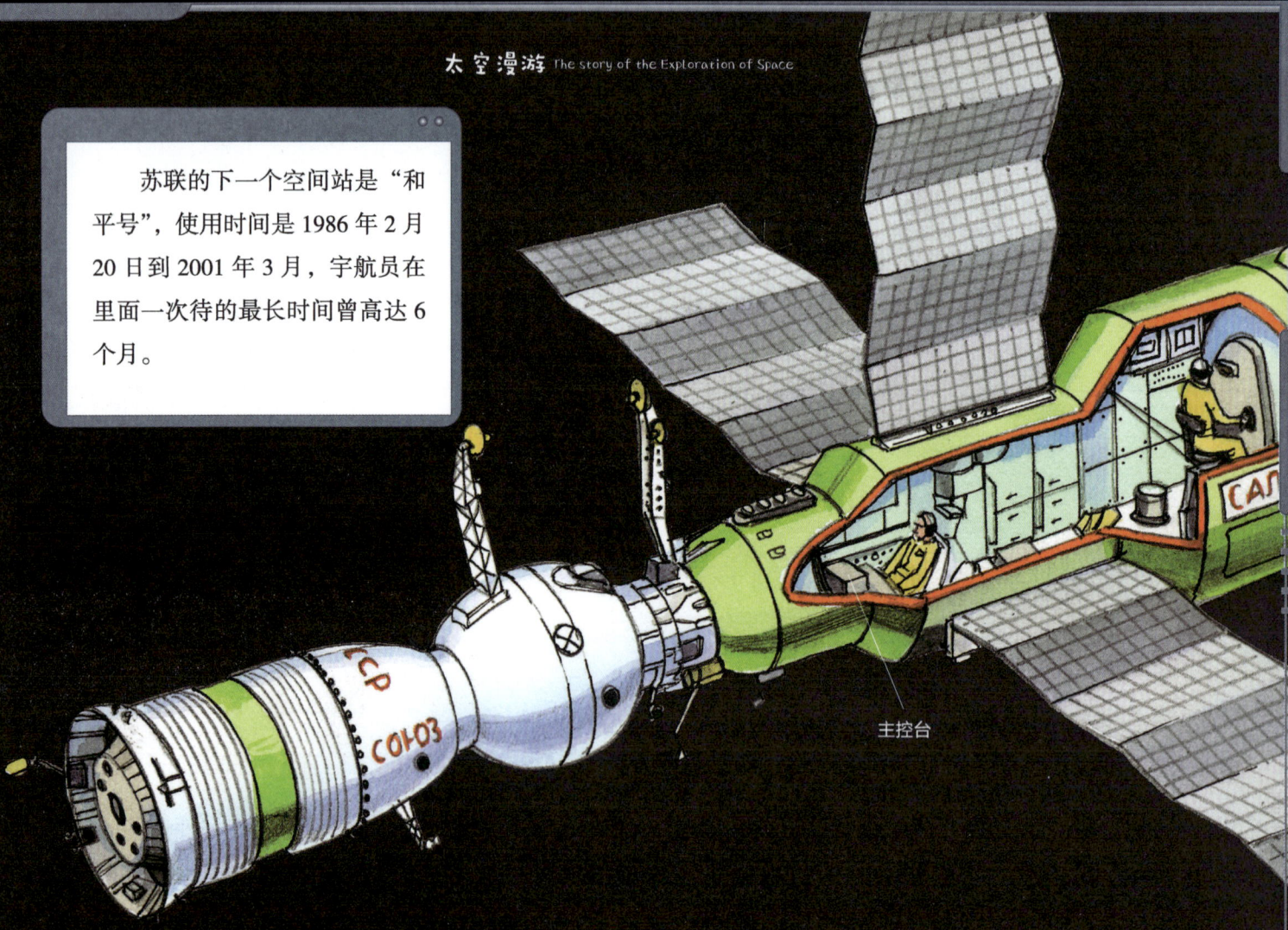

主控台

空间站的生活

在微重力环境里，身体的体液会往头部上涌，导致腿部变细、脸部浮肿。为了克服这种问题，宇航员每天都要努力锻炼身体。

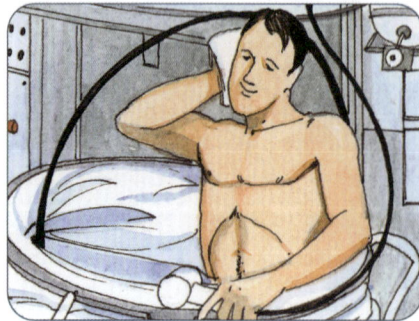

宇宙飞船中的重力为零，一切东西(包括水)都会呈漂浮状态。这使得洗漱之类的事变得困难重重！飞船中有设计特殊的淋浴设备，以便宇航员清洁身体。

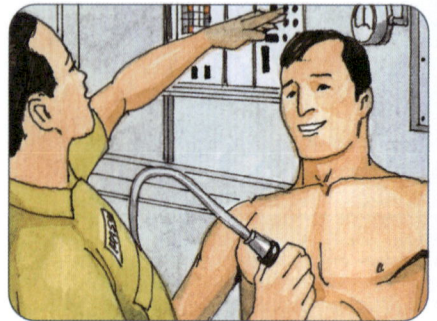

宇航员需要定期接受体检，以确保身体健康。人类的身体已经习惯地球的重力，因此，在没有重力的情况下保持身体健康变得至关重要。人类要飞到其他星球上去，在太空中需要经历很长时间的失重状态。

太阳系旅行

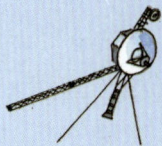

航天器可以执行距离极大的飞行任务。自20世纪70年代末开始，太阳系将出现175年一遇的"四星一线"现象，即木星、土星、天王星和海王星连成一线。这种时候，人造航天器可以借助行星之间的引力实现加速。因此，在1977年，NASA雄心勃勃地发射了一台无人驾驶空间探测器。这个计划预定发射两台航天器："旅行者1号"和"旅行者2号"。它们将利用行星间的引力进入更为遥远的太空。这一切都按照预定计划实施了，两个航天器现在还在朝太阳系外飞行，一路上不停地给地球传回数据。它们现时已进入太阳系最外层边界。

"旅行者"1号和2号在进行跨四颗行星的"宏大旅行"时，有很多令人惊叹的发现。木星上的大红斑实际上是巨大的风暴。天王星上有磁场，而这一点以前无人知晓；此外，天王星的卫星也比天文学家所发现的要多10颗。海王星的最大卫星是"海卫一"（崔顿），它上面似乎有活跃的间歇喷泉。但这些喷泉造成了什么影响呢？科学家还需要很多时间来分析所有的数据，以后会有更多的发现。

旅行者1号和2号的飞行路径

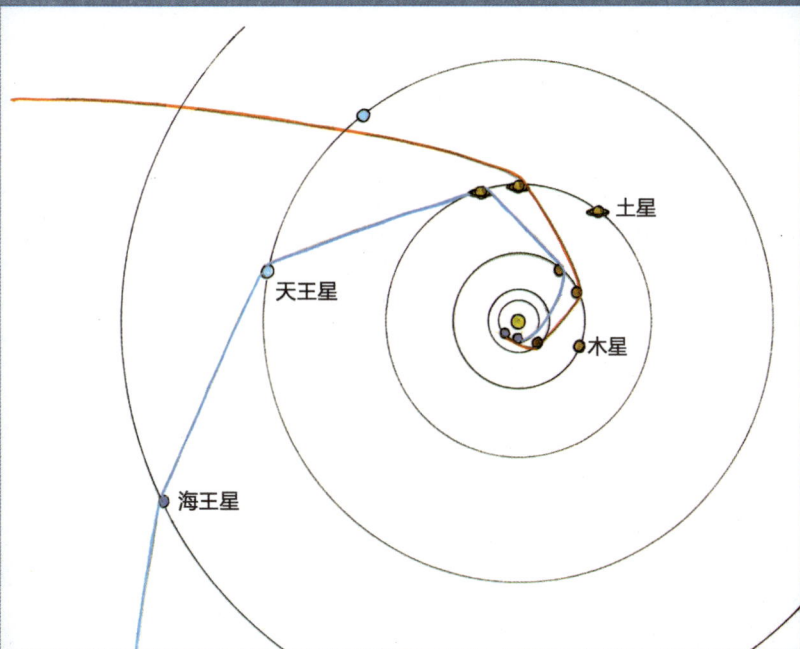

土星

天王星

木星

海王星

旅行者 1 号 ————

旅行者 2 号 ————

奇妙之事

　　太空中没有任何声音——因为没有空气，声波无法传送。

土星光环

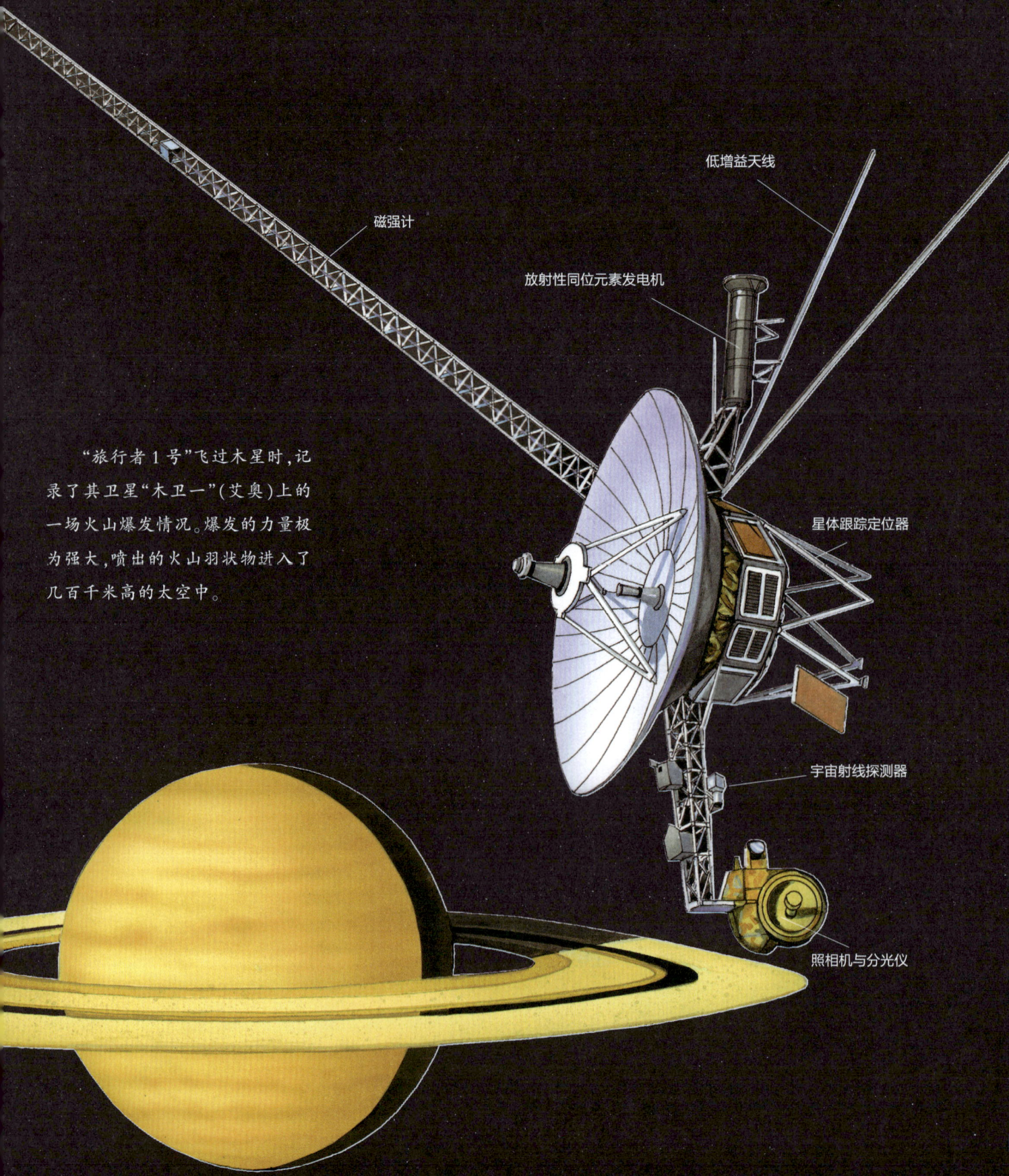

磁强计

低增益天线

放射性同位元素发电机

星体跟踪定位器

宇宙射线探测器

照相机与分光仪

"旅行者1号"飞过木星时,记录了其卫星"木卫一"(艾奥)上的一场火山爆发情况。爆发的力量极为强大,喷出的火山羽状物进入了几百千米高的太空中。

可重复使用的宇宙飞船

M2F-1 飞机

X-15 喷气式飞机

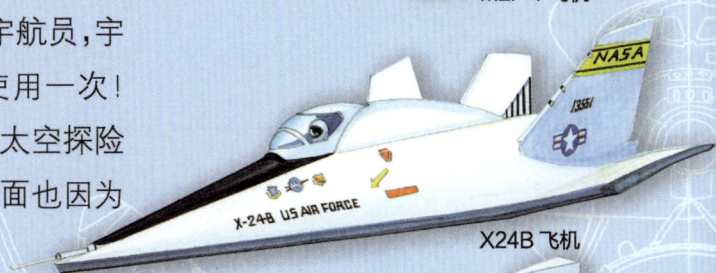
X24B 飞机

太空探险花费极大，因为浪费巨大：除了宇航员，宇宙飞船上的一切都只能使用一次！因此，一方面因为公众对太空探险的兴趣逐渐减弱，另一方面也因为NASA的预算经费减少，科学家开始寻求降低宇宙飞船建造成本的方法。可以让宇宙飞船重复使用吗？一切宇宙飞船都必须承受住巨大的压强。例如，飞船穿越太空时，因高速飞行的摩擦产生极高的热量。因此，如何保障飞船的安全将会是巨大的挑战！

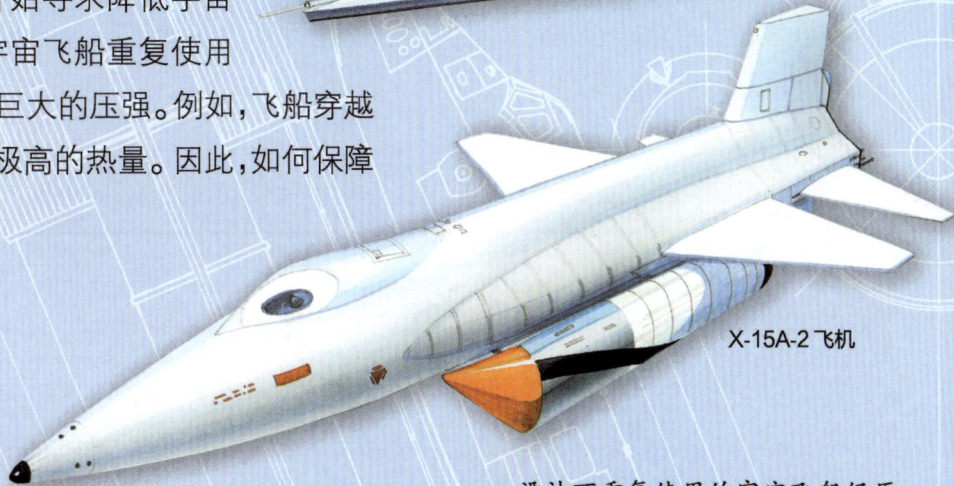
X-15A-2 飞机

设计可重复使用的宇宙飞船经历了三个阶段。无翼飞机 M2F-1 和 X24B 降落在试验着陆基地，那是一个湖底，湖水已经被抽干。X-15A-2 喷气式飞机的速度可以达到每小时 7311 千米，高度则可达到 98816 米。

世界上飞行速度最快的飞机：X-l5，速度达到6.7马赫(每小时7274千米)。

喷气式飞机能成为可重复使用的航天器吗？科学家已经在做这方面的研究工作，尼尔·阿姆斯特朗也已经进行过试飞。

奇妙之事

1959—1968 年这近 10 年的历程中，X-15 的飞行次数总计 199 次。据非官方消息，X-15 在飞行速度和高度上创造了新的世界纪录。这个项目极为成功，获得了很多有价值的信息，为后来研制水星号、双子星号、阿波罗航天器及航天飞机提供了极大帮助。

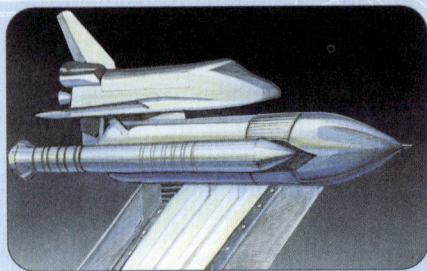

实用宇宙飞船渐渐成型。运用航空动力学，科学家测试了这种两级火箭的起飞情况。

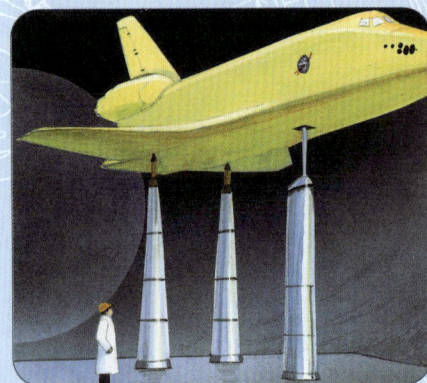

"风洞试验"是必不可少的。一个 1：3 的模型用于测试宇宙飞船的滑行情况，以及宇宙飞船返回受到重力牵引时空气在其四周是如何流动的。

改装过的波音 747-100 在进行着陆测试（上图）。它载有一颗全尺寸的虚拟轨道飞行器，飞行器会降落在陆地上，这比降落在海上成本低一些。航天飞机的隔热性能极其重要，否则在它返回地球时便会燃烧起来。飞机的鼻椎部和机翼前缘覆盖了一层增强碳碳复合材料，因为这几个部位的温度会高达 1650℃！飞机的下部和尾部前缘则覆盖着耐高温的黑色二氧化硅防热瓦。在飞机其他部位的外层，科学家使用了白色的低温表面隔热瓦以及隔热衬垫。

为起飞做准备！

宇航员在很深的
水槽里训练

最后，科
学家发现，两
级航天飞机显
然最为实用。
这种轨道飞行器由两样东西
提供动力，进入太空：一个巨大的外挂燃料箱，以及两台固体
火箭助推器。燃料箱和助推器后来都会被丢
弃。两级航天飞机大约有60万个零部件，在肯
尼迪航天中心的飞行器装配车间组装，并放
置在外挂燃料箱上。20世纪60年代，土星5号系列宇宙飞
船也是在这个中心完成的，这座巨大的建筑物也在重复使用！

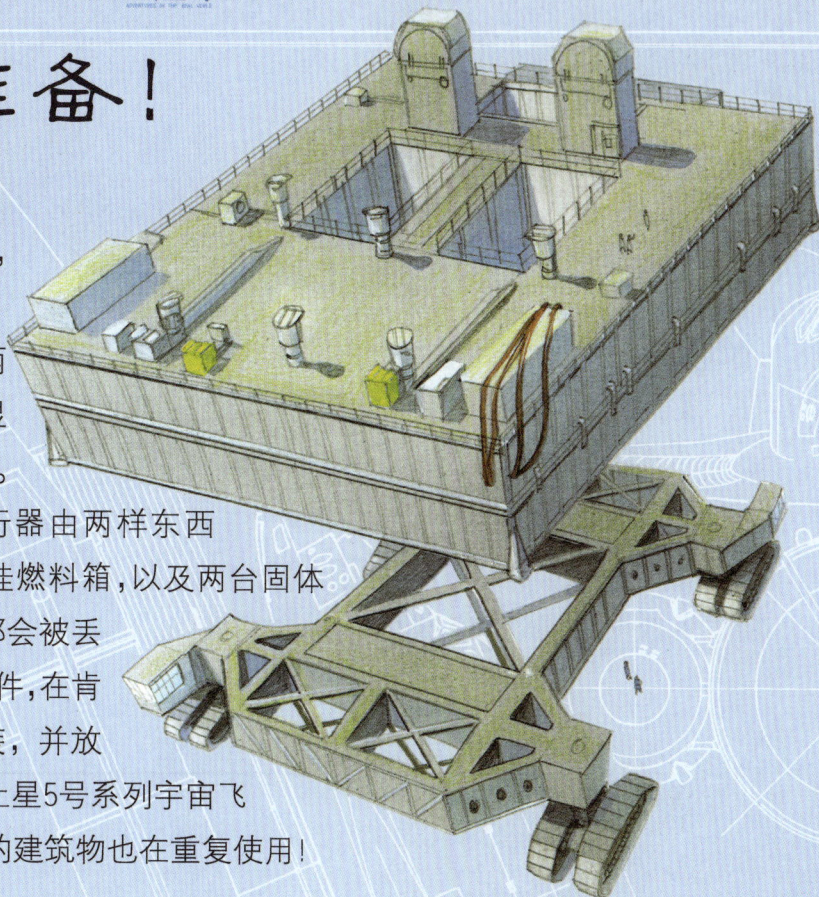

巨大的履带运输机以
每小时 1.6 千米的速度将
航天飞机运送到发射场。

> 宇航员在巨大的水槽里练习太空行走。

进入深水底部！

宇航员也在航天飞机里接受失
重训练，此时飞机会按照特别的曲
线路径飞行。

世界上功能最
强大的探照灯

宇航员在巨大的水槽里训练失重适应能力，这种水槽就像巨大
的游泳池，NASA 称其为"中性浮力箱"。宇航员会处于一定程度的
失重状态，既不会漂浮在水面，也不会沉到水底，这是在模拟微重
力。然后他们可以在这种状态下练习一些重要操作，例如修理卫星
的工作。

履带运输机有 40 米长、34.7 米宽，它履带里的每个连接杆有 2.3 米长、1 吨重。它有两个引擎，每行进 7 米，每个引擎都要用去 4.5 升柴油。运输机除了运送航天飞机、外挂燃油箱和火箭助推器外，还要运送发射平台。在每次发射航天飞机之前，运输机都需要花费大约 6 小时，才能将航天飞机从装配车间运到发射台所在处。运输机有一个校平系统，可以让自己与地面保持水平。

避雷针

旋转服务结构

固定服务结构

移动发射平台

检查轨道

向发射台倾斜 5°

控制室

履带运输机

31

在太空生活

指挥宇航员的遥控操纵系统极其重要

在太空生活会存在诸多问题，主要是因重力降低造成的。除非加以固定，否则一切东西都会处于漂浮状态，包括宇航员。缺少重力会使人的心脏和其他肌肉组织变得衰弱，因此宇航员每天都要使用跑步机锻炼。锻炼时，他们必须与跑步机套在一起，否则就会飘走。宇航员上厕所时，也是用柔韧的杆将自己固定在合适的位置，一个类似吸尘器的装置将排泄物吸进一个小容器。轨道飞行器里的气温和气压与地球类似，因此宇航员要穿T恤衫。

麦克风

遮阳板

对讲器连接器

降落伞背带附属装置

裤子上的大口袋

穿航天服的步骤

宇航员有两件航天服：一件是发射和返回地球时穿的增压服（右上端），另一件是在航天器外行走所穿的舱外机动套装（载人机动装置）。后者有 5 层：

1. 尿液密封系统（UCS）
2. 液体冷却通风外衣（LCVG）
3. 下躯干组合装置（LTA）
4. 硬质的上躯干（HUT）
5. 头盔

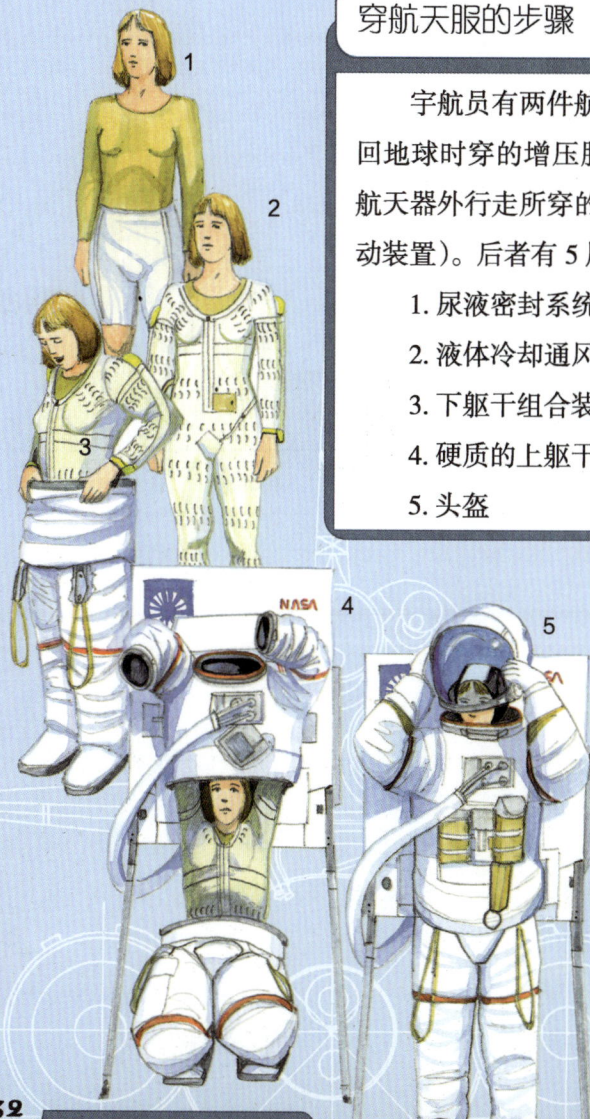

打喷嚏

带着头盔时，万一想打喷嚏或挠鼻子，该怎么办？

载人机动装置里的宇航员

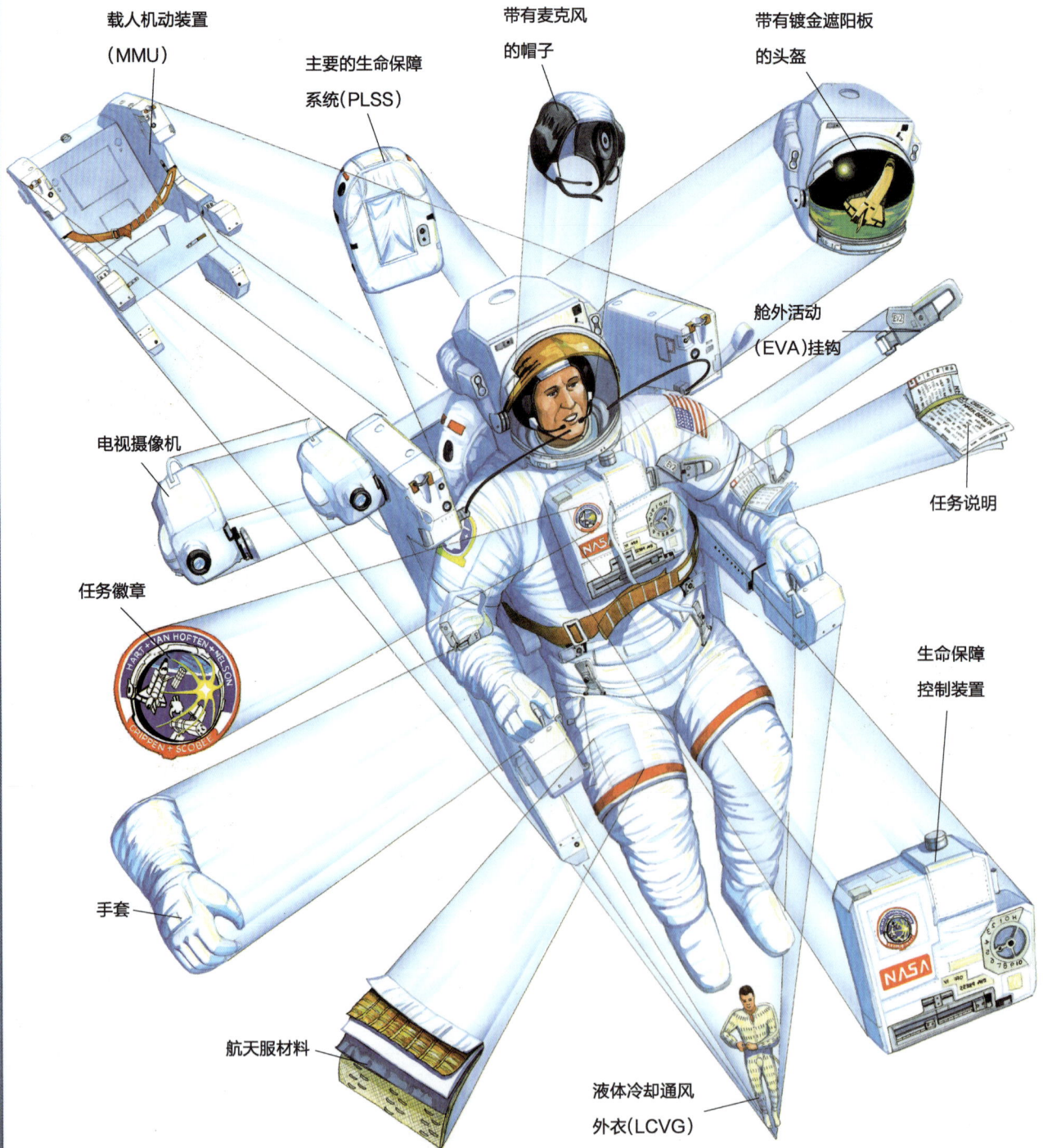

载人机动装置
（MMU）

主要的生命保障
系统（PLSS）

带有麦克风
的帽子

带有镀金遮阳板
的头盔

舱外活动
（EVA）挂钩

电视摄像机

任务说明

任务徽章

生命保障
控制装置

手套

航天服材料

液体冷却通风
外衣（LCVG）

这个装置必须承受从 –129℃ 到 148℃ 的温差。硬质的上躯干部分是玻璃纤维做的。穿上这套航天服后，宇航员必须花一个多小时吸纯氧，再走出加压太空舱，以适应航天服里偏低的压力。

从升空到重返地球

隔热瓦

航天飞机在1981年4月首次投入使用。在升空前6.6秒时，航天飞机的三个主引擎点火，噪声控制供水系统开始工作，它将100万升的水抽到发射台上，保护系统本身以及航天飞机免受发射时的噪声危害。

航天飞机

发射航天飞机时，主引擎和火箭助推器控制飞行。助推器的燃料用光后，航天飞机发出指令，开启三个端头罩推力器（以便展开引导伞和降落伞）和锥体环起爆器（以便展开主降落伞），断开主降落伞连接。

返回地球时，隔热瓦阻挡了巨大的热量。

离地面532米时，轮子被放下。

又变白了——航天飞机表面的温度现在已降下来。

航天飞机升空

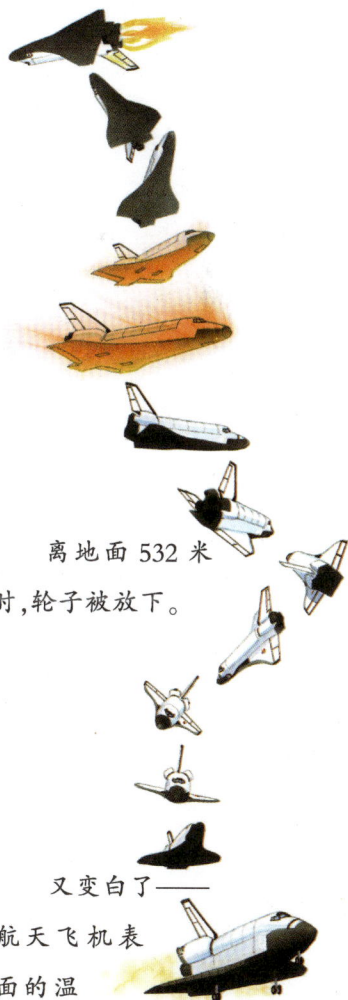

航天飞机升空2分钟后，两台火箭助推器的燃料耗尽，飞机前端的小火箭将它们推出去，与飞机分离，张开的降落伞带着它们下降，最后溅落在海上。打捞起来后，下一次可继续使用。

航天飞机以 25 倍音速进入地球大气层，然后自动驾驶仪让飞机进行四次 S 形转动，借以降低速度。第一次 S 形飞行让速度降到约每小时 5 630 千米。尽管航天飞机可以自动着陆，但飞机离降落跑道 32 千米时，通常宇航员会进行人工操作。

航天飞机在美国爱德华兹空军基地首次着陆，降落在已经抽干水的湖上。它降落时，基地派了一架 T-38 训练机护卫，另外还有维修和安全人员待命。这次航天飞机的着陆非常成功，整个 NASA 的工作人员都兴高采烈。他们成功证明了一件事：建造可重复使用的航天器完全是有可能的。现在，太空航行的成本有可能降低了。此外，航天器拥有一定的运载量，可提供商业用途，例如携带通信卫星升空。

发射 8 分钟之后，燃料用尽的外挂燃料箱被丢弃。

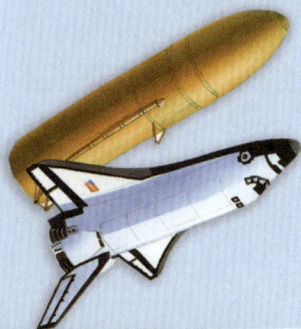

宇宙掠影

天文学家面临一个难题：他们需要透过地球大气层观察太空，但大气层已遭污染，显得混浊，因此，要想看到远处的物体就相当困难。好多年来，天文学家都有一个梦想，希望能在太空中使用望远镜，以便解决这个难题。1990年4月，他们的梦想终于成真：哈勃太空望远镜(HST)发射升空了！最初望远镜的主镜头有些问题，不过科学家设计HST时就考虑到维修问题，望远镜可以在太空进行维修，因而那些问题最后顺利解决了。自那以后，HST传送回的图像为天文学家提供了宝贵资料。

维修哈勃太空望远镜

希望你带了螺丝刀。

椭圆星系：一种星群，形状就像橄榄球，也可以说是美式足球。

不规则星系：因为有了哈勃太空望远镜，现在天文学家可以研究的范围相当大，其中之一便是不规则星系。这类星系含有大量的气体和尘埃云。

螺旋星云：宇宙空间的另一现象。因为有了哈勃太空望远镜和其他探测器，科学家现在可以观察到这种现象。

哈勃太空望远镜离地球 600 千米，每 97 分钟绕地球轨道飞行一圈。它是以美国天文学家爱德温·哈勃的名字命名的。

哈勃太空望远镜剖面图

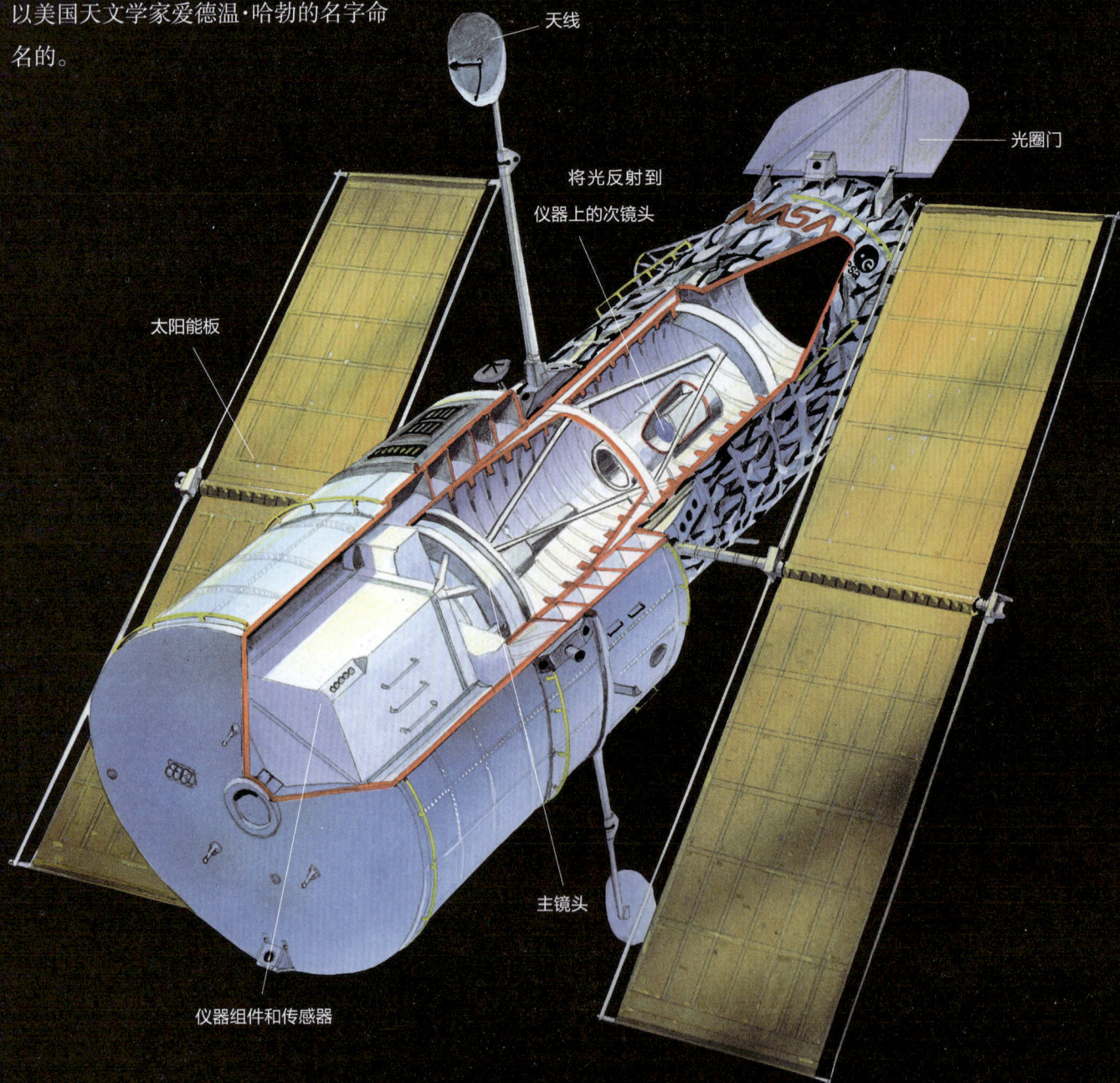

天线

将光反射到仪器上的次镜头

光圈门

太阳能板

主镜头

仪器组件和传感器

因为反射镜系统有缺陷，哈勃太空望远镜输送回来的第一批图像模糊不清。可以修理它吗？经过一年的训练，再加上 5 次太空行走练习，宇航员乘坐"奋进号"航天飞机出发。这次维修任务持续了 11 天，成功修好了望远镜。

2003 年 2 月，"哥伦比亚号"航天飞机在降落途中解体，7 名宇航员遇难。随后，美国取消了派遣宇航员去维护哈勃太空望远镜的计划。这对天文学家来说是非常沉重的打击，因为他们原计划在 2006 年给哈勃太空望远镜安装灵敏度更高的摄影机。

奇妙之事

并非所有的卫星都是人造的:卫星是指围绕另一物体飞行的任何物体，例如围绕地球飞行的月球便是一颗卫星。

可重复使用的航天器：不同的类型

运载飞机"白骑士"

人类现在能够制造可重复使用的宇宙飞船了，下一个挑战就是研制成本更低的运载工具。理想的运载工具应该是"单级入轨"型。这种工具不需要助推火箭，能够使发射成本降低很多。尽管如此，成本仍然巨大。小型国家如果想进行太空研究，必须联合起来。欧洲航天局(ESA)就是一个很好的榜样。

"冒险之星"（或 X-33）是发射型"单级入轨"运载工具，完全可以重复使用。

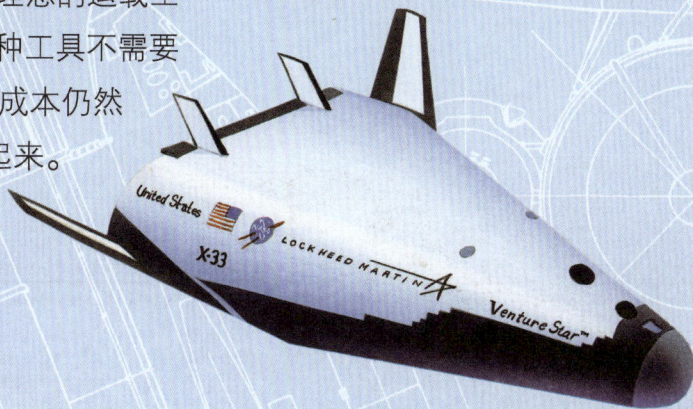

太空旅行者

真希望你也在这儿！

1988 年，"能源号"助推火箭将"暴风雪号"穿梭机送上太空，这是苏联的首架航天飞机。第二年，因苏联政府发生了变化，这个项目便停止了。

迄今为止，只有超级富豪才能实现太空旅行梦。2001 年 4 月，丹尼斯·蒂托到国际空间站的往返票花费了 2900 万美元！

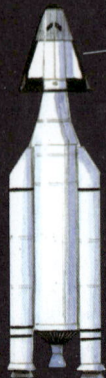

赫尔墨斯航天飞机和
阿丽亚娜运载火箭

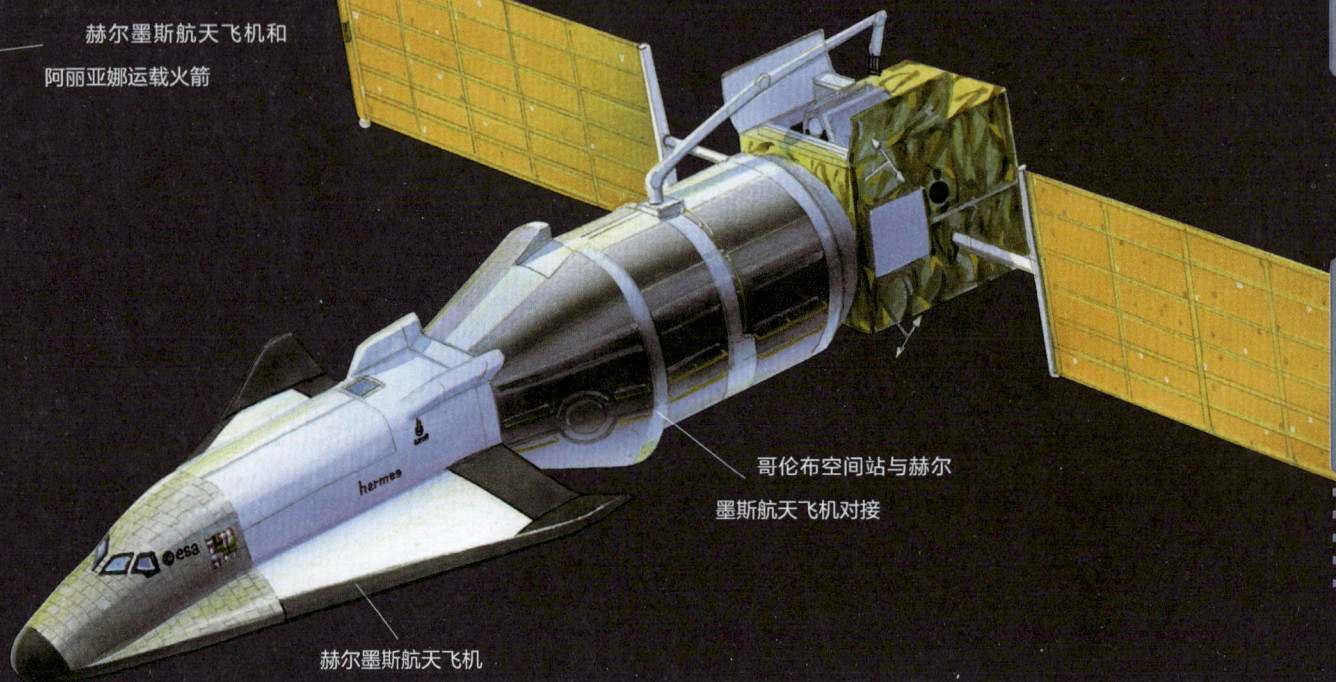

哥伦布空间站与赫尔
墨斯航天飞机对接

赫尔墨斯航天飞机

欧洲航天局计划研制赫尔墨斯航天飞机。它的尺寸相当小,长度只有 18 米,翼展宽度仅 10 米,可以承载 6 个人。不过,因为造价太高,这个计划最后取消了。

重型运载工具(HLLV)是以航天飞机为基础设计的,采用同类助推器和外挂燃料箱。重型运载工具无人驾驶,用于将空间站的重型零件送进轨道。

重型运载火箭(上图顶部)和航天飞机(上图)设计图

太空船 1 号:第一艘由私人赞助的载人飞船,由"白骑士"运载飞机(见第 38 页左上角图)搭载升空。

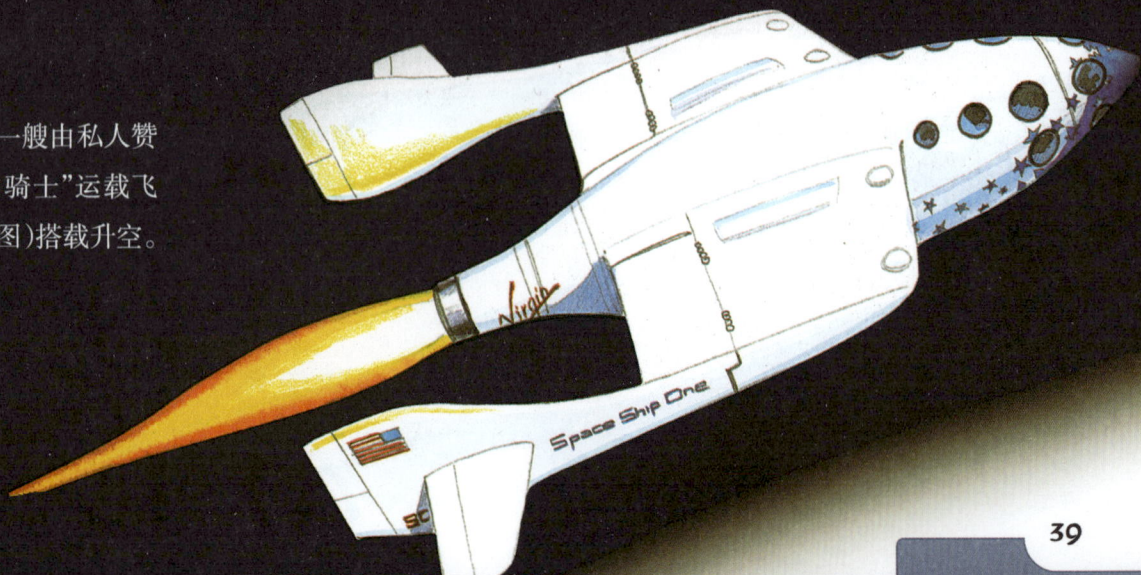

红色星球探险

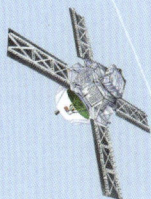
水手 9 号

火星的天然颜色是红色的，因此获得"红色星球"的昵称。要了解其他行星，探测器必不可少。在所有的行星中，火星离地球相当近，只有4.96亿千米。1965年7月，美国"水手4号"探测器从火星上传回第一批照片。自那以后，还有很多自动探测器被发射出去探索火星。

1975年，美国的两台海盗探测器（下图）在火星着陆。火星上没有生命迹象，但照相机传回了火星表面和大气层的彩色照片。

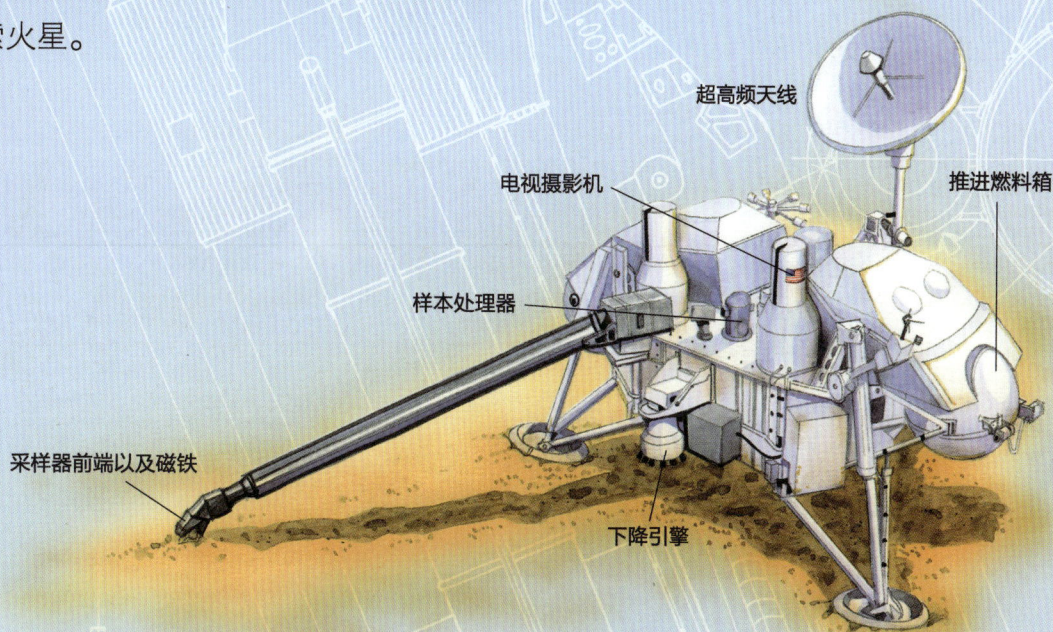

超高频天线

电视摄影机

推进燃料箱

样本处理器

采样器前端以及磁铁

下降引擎

数千年来，从古埃及人到当代电影制作商，火星一直是神话与神秘事物的源泉。19世纪就开始流传着火星上有智慧生物的故事。不久后，又有了火星来的"小绿人"入侵地球之类的传说，还变得家喻户晓起来。

火星上的外星人？

带我们去见你们的头儿！

火星探路者登陆器

1997 年 7 月 4 日，火星探路者登陆器成功着陆。它飞行了 4.96 亿千米，花了 8 个月。"探路者号"体型小，重量轻，因此降落时风险很大，但它成功着陆于大风吹袭的阿瑞斯谷。着陆后，起保护作用的安全气囊收缩，太阳能电池板展开。所有的电池板展开后，"旅居者号"便沿着板子坡道滚到火星地面。"旅居者号"是一个很小的移动机器人探测车，装备有取样和进行测试的仪器。它接收到的所有操作指令都来自地球，由 NASA 的指挥人员进行即时控制。因为地球与火星相距遥远，指挥人员下达的指令要经过 15 分钟才能传送给"旅居者号"。

巡航段分离

降落伞展开：速度为每小时 1336 千米

防热罩分离

安全气囊开始充气：241 千米 / 小时

反推进火箭点火与发射

弹跳和滚动后停下；安全气囊收缩，太阳能电池板展开。

火星探路者的成像器（IMP），一种立体摄影机

气象杆

"旅居者号"的太阳能电池板一方面提供能源，另一方面也提供火星大气层的尘埃数量信息。幸运的是，尽管火星上有很多沙尘暴，但当时一场都没有爆发。否则，"旅居者号"就会没有能源可用。

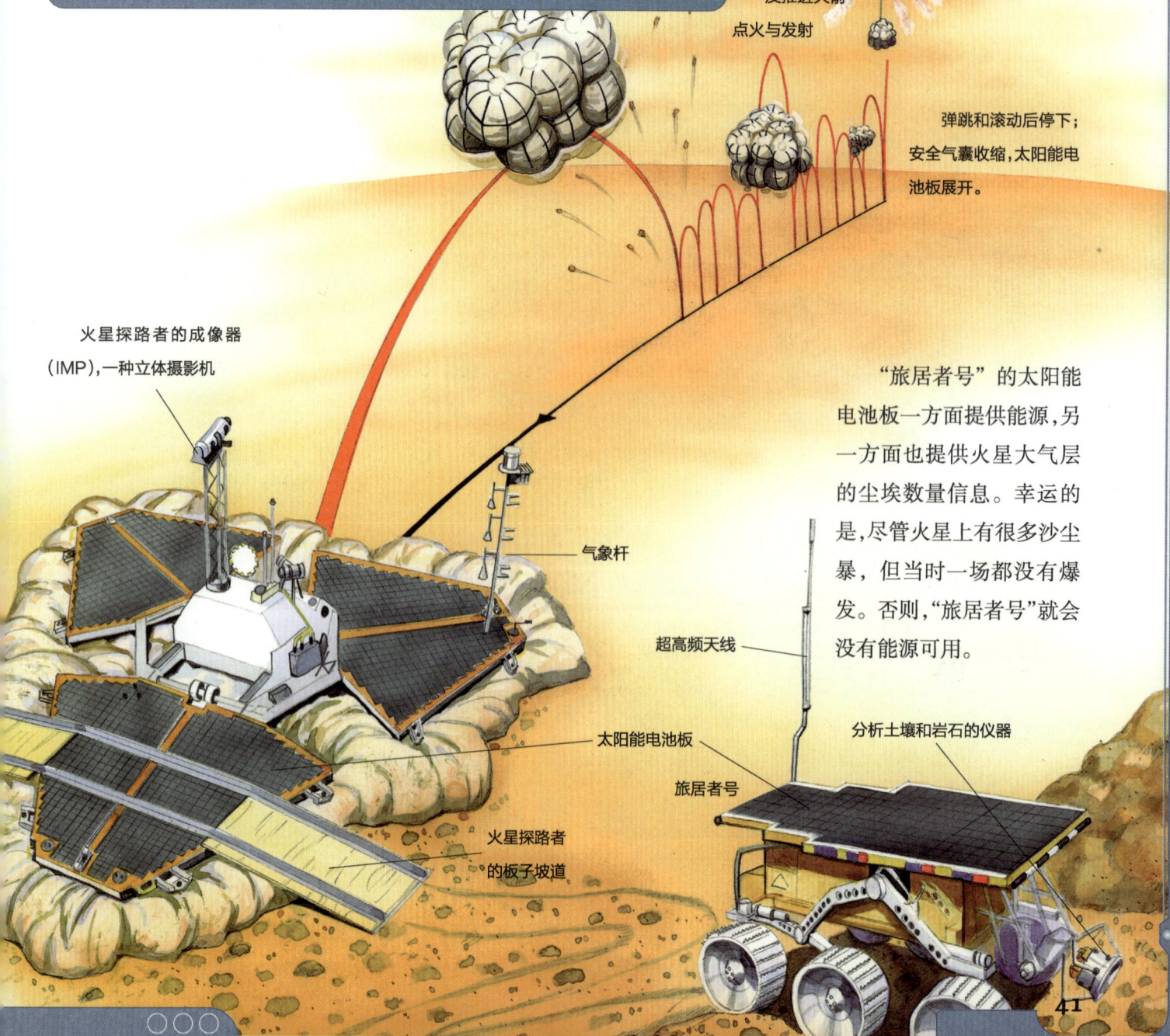

超高频天线

分析土壤和岩石的仪器

太阳能电池板

旅居者号

火星探路者的板子坡道

41

更多发现

美国火星空中工作台(MAP)

每执行一次火星探险任务，人们对这个红色星球就多了几分认识。另外几个火星登陆器和轨道飞行器已经在计划之中。它们将试图回答这样一些问题：火星的气候是什么样的？火星上有水吗？火星上曾有生命出现吗？得到这些答案后，我们才能知道何时可以让人登陆火星。有些科学家认为，2020年就能实现这一目标，有些科学家则觉得不大可能！

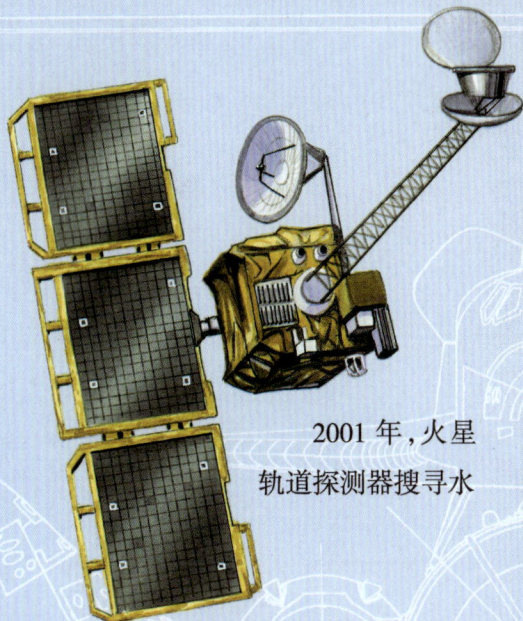
2001年，火星轨道探测器搜寻水

岩石样本

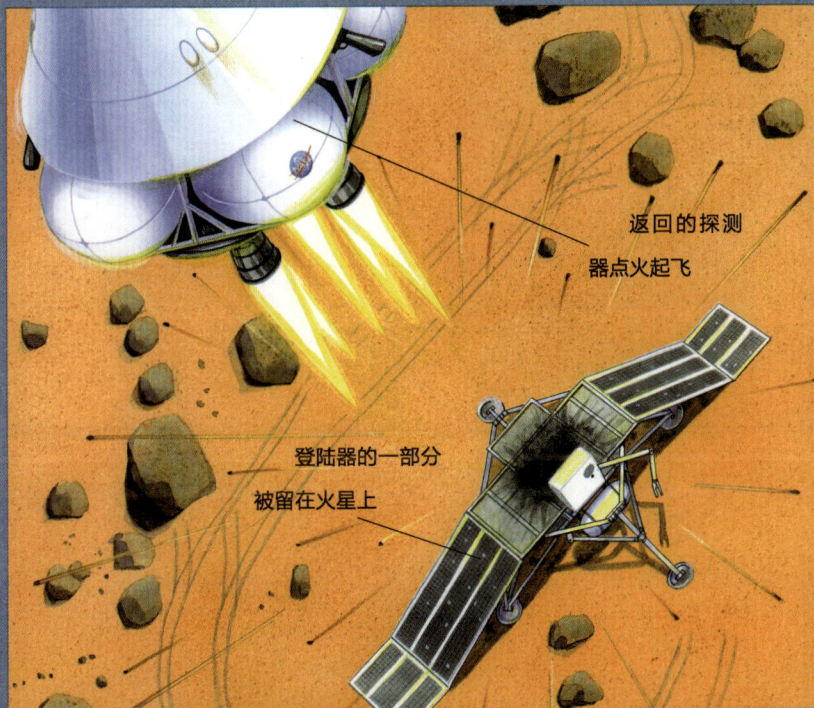
返回的探测器点火起飞

登陆器的一部分被留在火星上

返回地球的探测器会将岩石样本带回，但登陆器的一部分被留在了火星上，它还可以执行一年的任务，把火星上的信息传回地球。

火星2001轨道探测器着陆器

自动探测器：火星2001轨道探测器

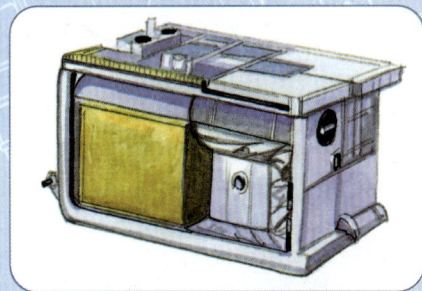
化学实验设备，尝试用大气层里的气体制造火箭燃料。

伽利略号
探测器

1989 年 10 月 18 日，亚特兰蒂斯航天飞机发射，它的任务是把伽利略号探测器送入木星轨道。1995 年 12 月 7 日，探测器进入木星大气层，过了58 分钟后便瓦解了。

1610 年，伽利略发现土星的光环，他可能是首位有此发现的人。伽利略说，那些光环位于木星的每个侧面，看起来就像"杯子把手"一样。1659 年，荷兰天文学家克里斯蒂安·惠更斯发现，它们看起来像光滑平坦的环形物。数百年后，天文学家才对它们有了进一步的研究。

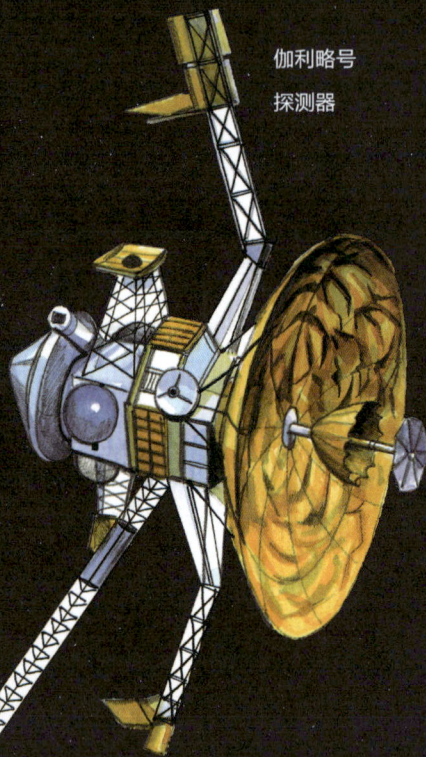

意大利科学家伽利略。1610 年，伽利略发现了木星最大的四颗卫星。自那以后，科学家又发现了其他木星卫星。旅行者号和木星探测器也发现了一些木星卫星。因为现在的各种仪器更为灵敏，可能还会发现其他木星卫星。"木卫三"（伽倪墨得斯）、"木卫二"（欧罗巴）和"木卫四"（卡利斯托）是木星的三颗卫星，它们的表层是冻结状态，但表层下似乎有海洋或液态二氧化碳。哈勃太空望远镜则发现，"木卫一"（艾奥）上有超过 100 座的活火山。

土星上的风速达到每秒钟 500 米。

土星之环

1997年10月，美国"泰坦4B"火箭发射升空，它上面载有"卡西尼号"轨道飞行探测器和欧洲航天局的"惠更斯号"探测器。两个探测器的目标：土星大气层以及土星最大卫星"泰坦"的表层。"卡西尼号"在2004年6月30日开始绕土星飞行，而"惠更斯号"于2005年1月14日降落在土星上。

"泰坦"周围云层密布，但"卡西尼号"配备有特殊的成像系统，可以透过云层看到泰坦表层。"惠更斯号"着陆后，传回了"泰坦"上化学物质的数据。

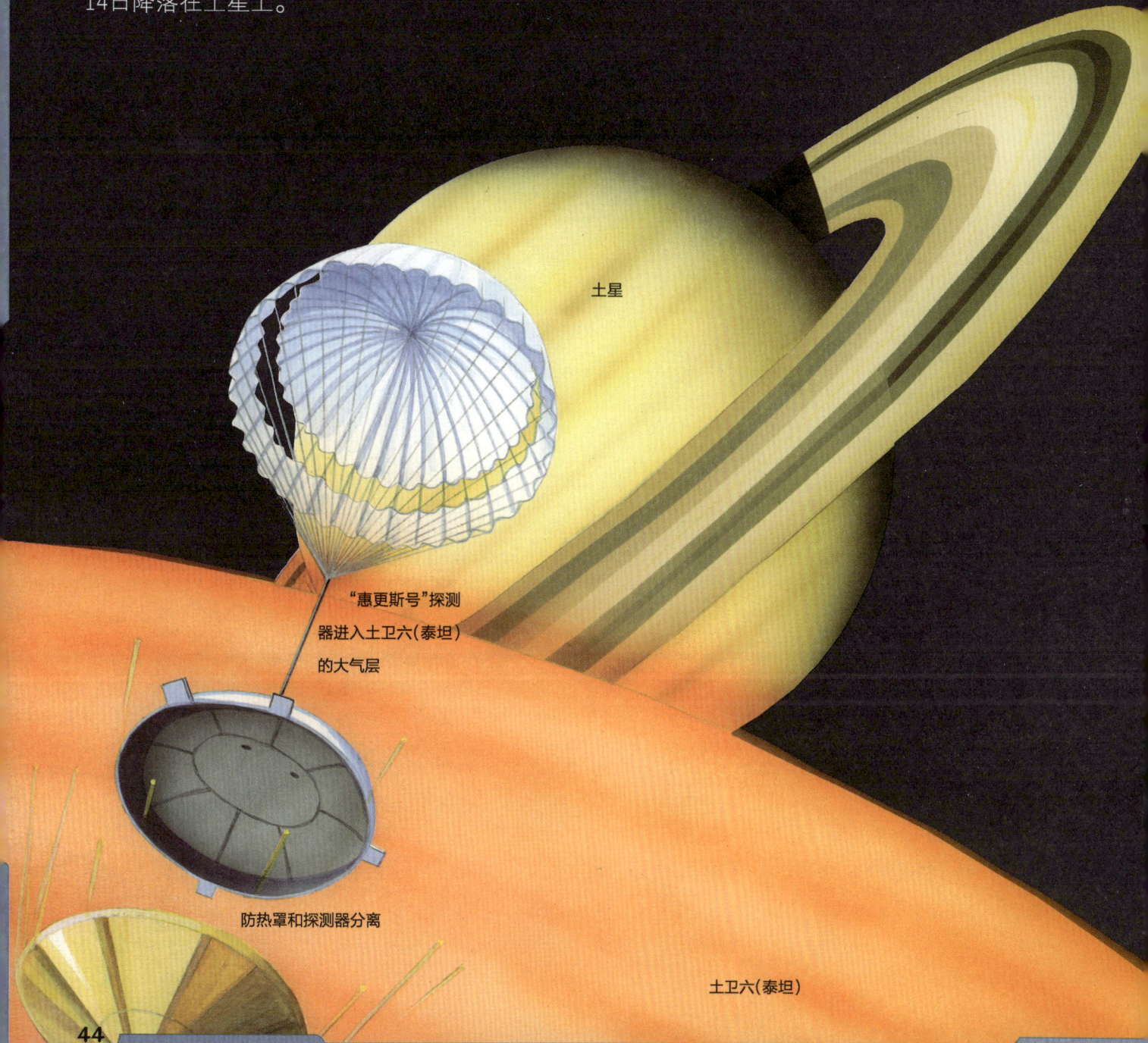

土星

"惠更斯号"探测器进入土卫六（泰坦）的大气层

防热罩和探测器分离

土卫六（泰坦）

用太空研究的话来说，"卡西尼号"飞过土星时离土星相当近：离土星密集的云层顶部只有 19980 千米。"卡西尼号"摄影机既要给土星拍特写镜头，又要拍广角照片。它上面的其他仪器将给土星的矿产和化学物质"绘制地图"，搜寻闪电和发现活火山。

土星的光环实际上是由结冰的碎石组成，既有尘埃粒，也有巨石。每个光环以不同的速度绕土星飞行。

"惠更斯号"以每小时 22088 千米的速度抵达泰坦的大气层，那里离泰坦表层有 1200 千米。3 分钟后，"惠更斯号"的速度降到每小时 1450 千米。记载下来的隔热罩温度达到 11980℃。离泰坦表面 160 千米时，小引导伞拉开了 8 米宽的主降落伞。离表面 116 千米时，降落伞被切断，3 米宽的平衡降落伞张开。"惠更斯号"从开始降落起，经过 2 个半小时，以每小时 24 千米的速度在泰坦上成功着陆。

"卡西尼号"轨道飞行探测器

"惠更斯号"探测器

"惠更斯号"着陆顺序

防热罩和第一个降落伞与探测器分离。

第二个降落伞展开，带着探测器着陆。

"惠更斯号"探测器在土卫六（泰坦）上着陆。

现在及未来的使命

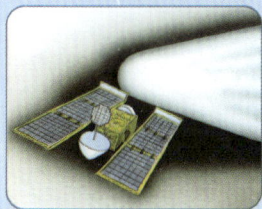

"星辰号"探测器
与彗星的慧发

随着技术进步，太空航行可以去到更远的地方，有些国家已做好准备，计划为此付出努力！2004年1月，NASA的"星辰号"探测器飞过环绕怀尔德2号彗星的尘埃和气体。两年后，2006年1月，降落伞带着"星辰号"在地球着陆，它带回了从那里收集的尘埃和其他微粒。科学家相信，这些材料将告诉我们地球的本源是什么。

2005年1月4日，太空探测器"深度撞击号"按计划飞向坦普尔1号彗星。这个探测器带有一个离子引擎，由带电氙气提供动力。

中国进入太空时代

提升民族自豪感的壮举：2003年10月，中国成功进行了第一次载人太空飞行。2005年10月11日，载人飞船又成功进行了二人航天飞行。

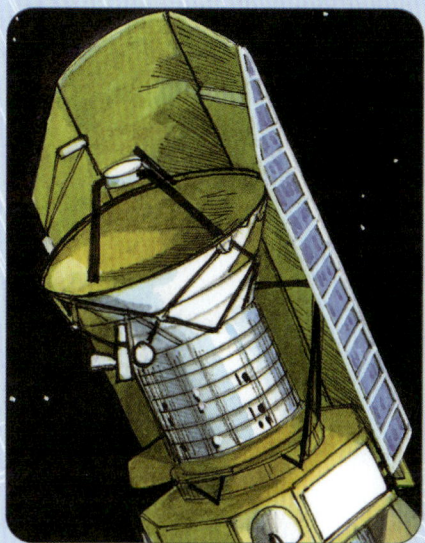

通过检测从紫外线到红外线等各种各样光的类型，哈勃太空望远镜拥有"看"东西的能力。欧洲航天局的赫歇尔空间天文台（上图）开始预定于2008年发射，后来则在2009年发射升空。它采用远红外线光研究远距离太空。

中国建造了"神舟号"载人飞船,它与俄罗斯的联盟号相似。1999年至2003年,中国进行了四次无人驾驶太空飞行。随后在2003年10月,宇航员杨利伟乘坐"神舟五号"进入绕地球轨道。"神舟号"(与"联盟号"一样)有两个舱:轨道舱与返回舱。在两个舱分离后,自身拥有推进系统的轨道舱将留在轨道上,成为无人驾驶航天器,进行更多的研究工作。不过"联盟号"并不具备这一功能。

2004年1月14日,美国总统乔治·布什在NASA总部发表讲话,他说NASA应该重新考虑其太空计划,于2010年前退出国际空间站项目,与此同时,逐步淘汰美国现有的几架航天飞机。另外应该进行更多的载人飞行,对太阳系进行探索,并在2020年时重返月球建立基地。

中国的运载工具

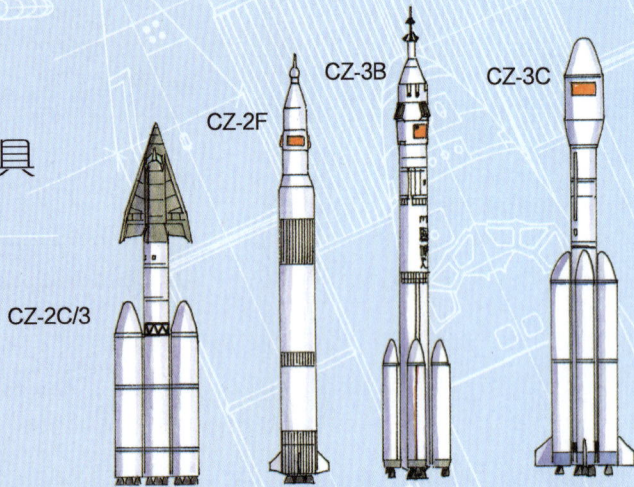

CZ-2C/3

CZ-2F

CZ-3B

CZ-3C

美国的运载工具

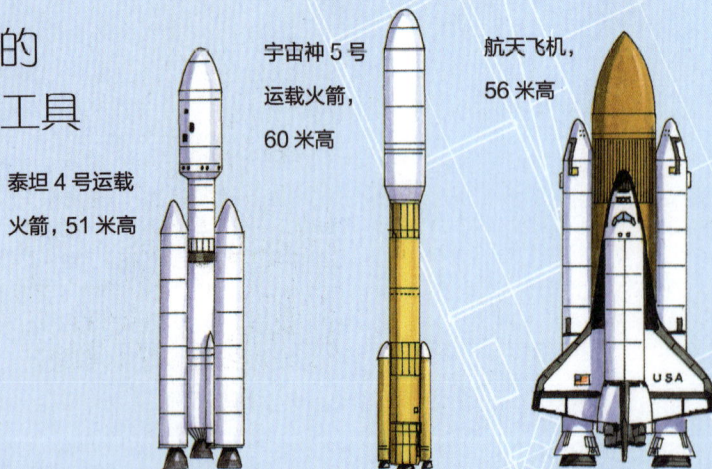

泰坦4号运载火箭,51米高

宇宙神5号运载火箭,60米高

航天飞机,56米高

这种新型月球着陆器仍处于初级策划阶段,它最后看起来会是啥样呢?

欧洲的运载工具

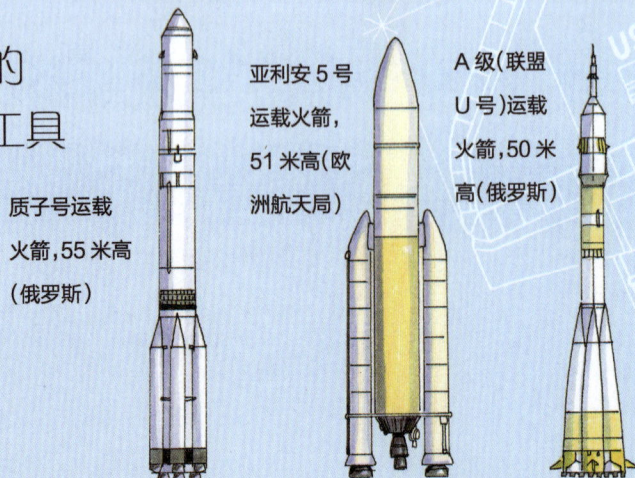

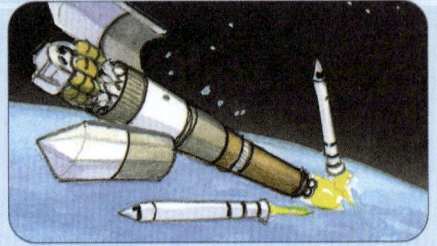

质子号运载火箭,55米高(俄罗斯)

亚利安5号运载火箭,51米高(欧洲航天局)

A级(联盟U号)运载火箭,50米高(俄罗斯)

国际空间站

因为太空探险花费巨大,现在大部分国家都会联合起来进行研究工作。最大的合作项目便是国际空间站,有16个国家加入。它在1998年11月20日发射,在地球上空354千米处绕轨道飞行。在这个项目完成后,它应该有453吨重,可载7个工作人员。不幸的是,高昂的成本和政治压力(尤其是美国)一直对这个项目造成困扰,国际空间站的未来变得很不确定。

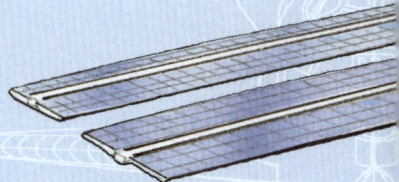

太阳能电池板有73.15米,为国际空间站提供一切所需电力。

在太空中处于失重状态

零重力下,植物仍然能生长。

太空失重现象对人类有影响,但不影响植物生长。俄罗斯宇航员在"和平号"空间站里成功种出小麦。

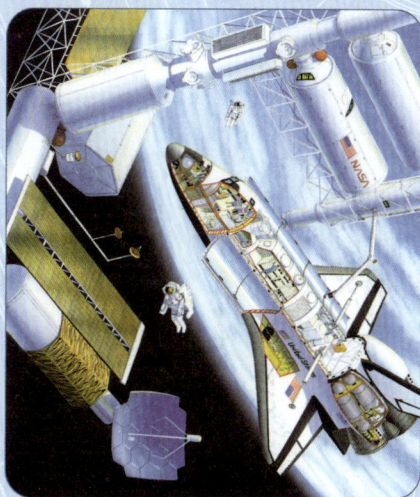

1984年,美国总统罗纳德·里根建议说,美国应该拥有载人空间站。但因建造空间站花费巨大,迫使克林顿总统在1993年将其变成了国际合作项目。2003年2月1日,美国航天飞机"哥伦比亚号"返回地球时,在德克萨斯州北部上空解体坠毁,7名宇航员全部遇难。在这以后,国际空间站的建造便停了下来,直到2005年才恢复建造工作。2011年12月最后一个组件发射上天,完成组装工作。

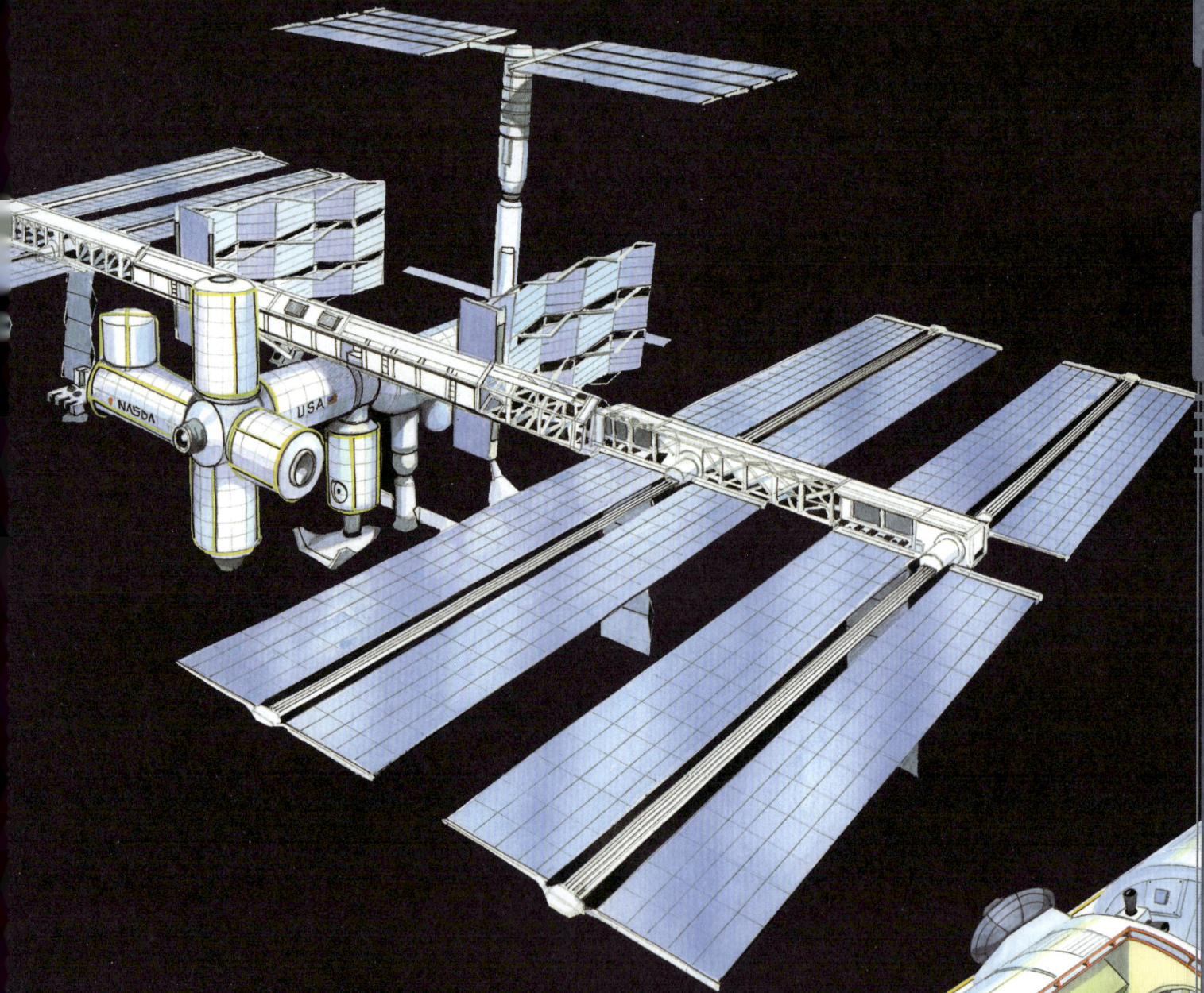

　　按照设计要求来看，国际空间站拥有一个很大的生活舱，供宇航员生活。每个宇航员在那里都享有独立的小隔间，睡在壁挂式睡袋里（见第51页图）。失重时竖着睡是很容易做到的事！2003年2月"哥伦比亚号"失事后，美国的航天飞机停飞，地球与国际空间站之间的往来都由俄罗斯联盟号宇宙飞船承担。

　　有了国际空间站，科学家得以做一些有关微重力的试验，例如试验微重力对晶体生长和制药是否有影响。

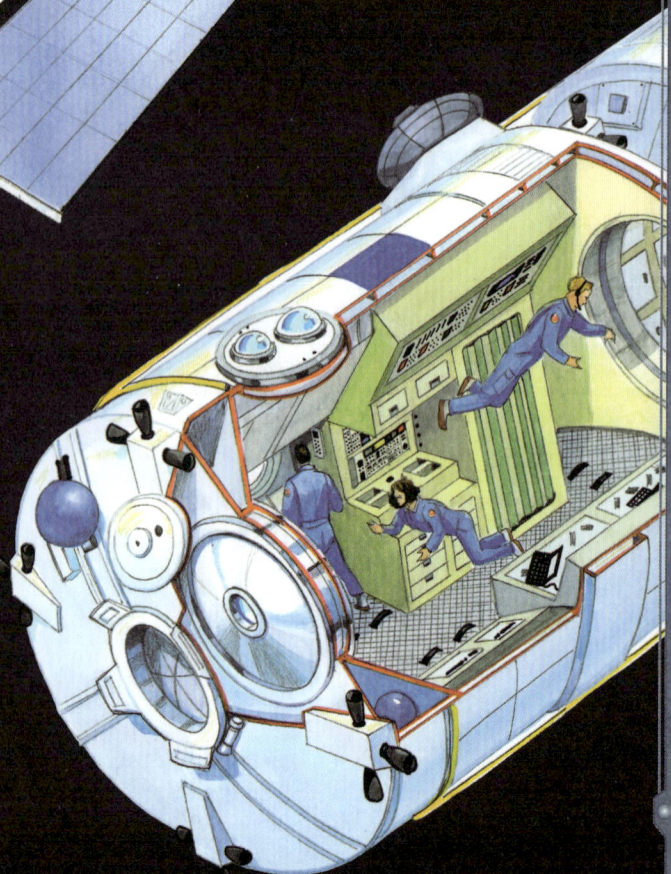

在太空生活

将宇航员送上其他行星相当困难，比送无人驾驶探测器难得多。首先，宇航员必须要在旅途中幸存下来。飞到火星大约需要三年时间：抵达火星需要6~8个月时间，然后在那里待上18~24个月，直到地球与火星再次排成一行，才能返航。俄罗斯人在空间站方面比美国人经验更丰富，他们的宇航员在"和平号"空间站上获得了很多经验，为大家提供了信息。

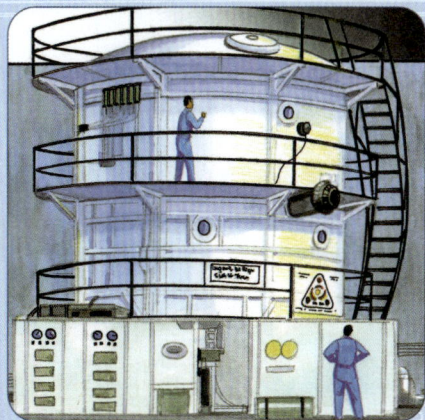

美国约翰逊航天中心建造了一个训练太空舱。它拥有封闭循环的生命保障系统：不能增加和减少任何东西。

宇航员的食物是干燥的或事先包装好的。在漫长的旅途中，豆芽和鹌鹑蛋可能成为新鲜食品。

宇航员处于失重状态时，心脏和肌肉不需要做多少工作，因此很快就会变得衰弱起来。所以，他们每天都需要使劲锻炼，才能阻止这种衰弱趋势。

为火星任务设计的新型宇航服

一件宇航服在地面的重量接近 127 千克，这是指宇航员还没穿时的重量。当然，在太空中它会变得毫无重量，要穿上它以及特制的内衣，宇航员需要花费 45 分钟。

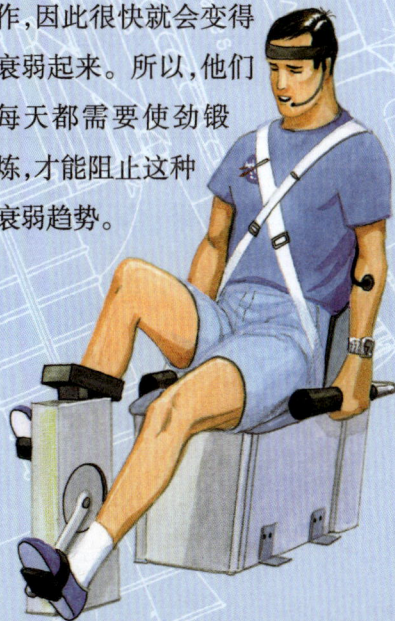

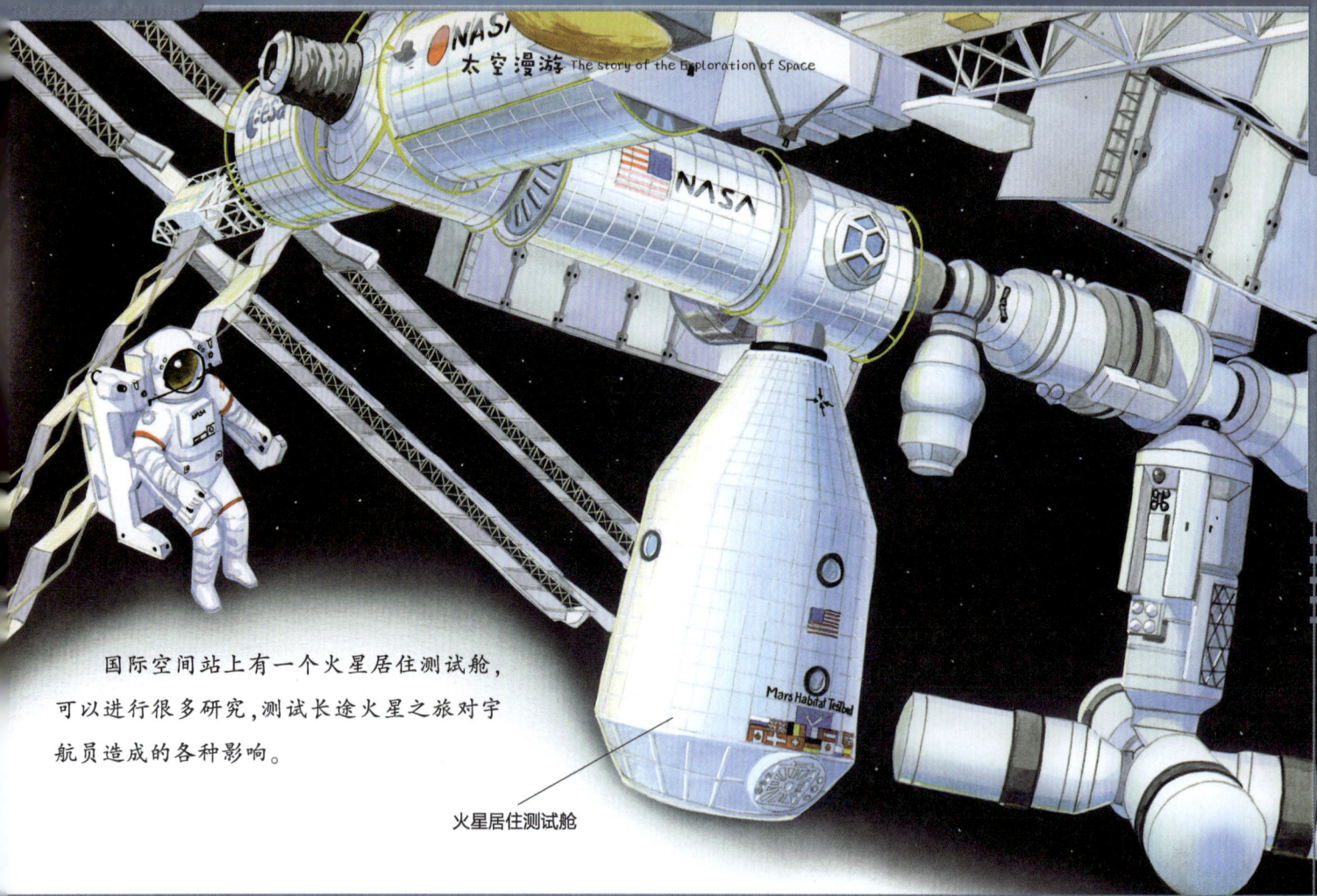

国际空间站上有一个火星居住测试舱，可以进行很多研究，测试长途火星之旅对宇航员造成的各种影响。

火星居住测试舱

往返火星的危险之一是太阳耀斑爆发造成的辐射。如果出现太阳耀斑，宇航员会在载人飞船居住舱中心的气闸室里避难，但没人知道这种保护措施是否足够有效。

在太空入睡：小隔间里的宇航员。

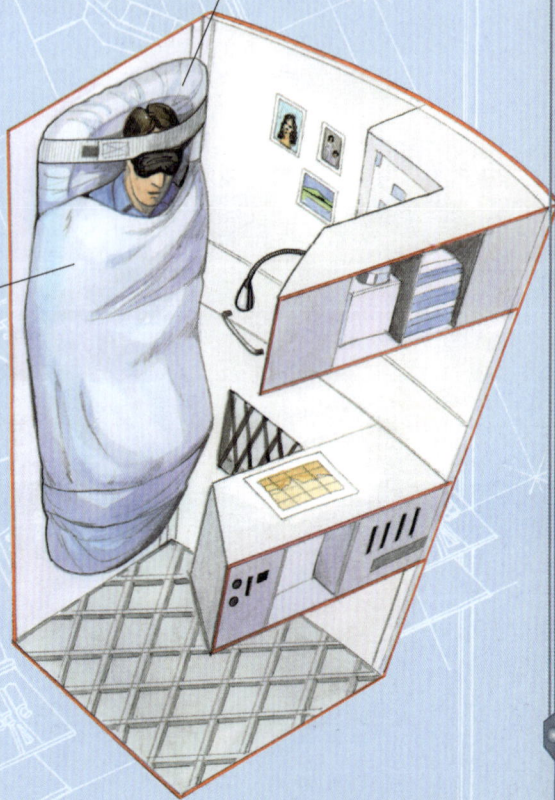

在气闸室里避难

壁挂式睡袋

宇航员竖躺在睡袋里时，头和脚要用带子固定好。如果不固定，他们的头会向前扑出，大腿则会向上漂浮起来。

火星远航计划

人类要登上火星还存在大量问题。尽管如此，1989年人类首次登月20年之际，美国总统乔治·布什就要求NASA进行这种研究。美国的阿波罗宇宙飞船已进行过多次载人飞行任务，以此为基础，NASA制订了一个计划，要在地球大气层外建造一艘星际宇宙飞船。然而，即使一切顺利，要做到这一点，也要耗费30年的时间和4500亿美元的资金。

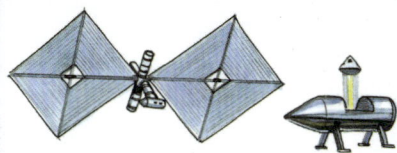

俄罗斯计划在探索火星时使用巨大的太阳能电池板，让它们为电动火箭引擎提供能源，但事实证明这速度太慢了。

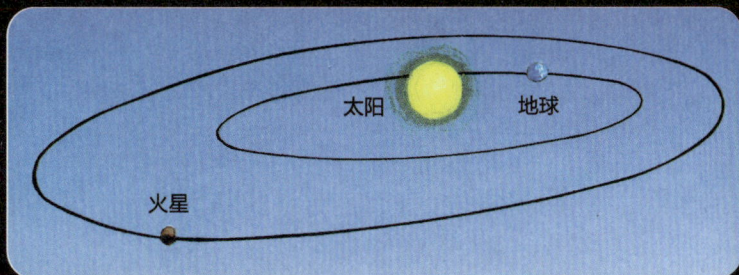

太阳　　地球

火星

太空三年

我们已接近那里了吗？

奇妙之事

地球上超过三分之二的淡水是以冰山和冰川形式存在。火星上有冰山，这是极为重要的发现。（见第57页）

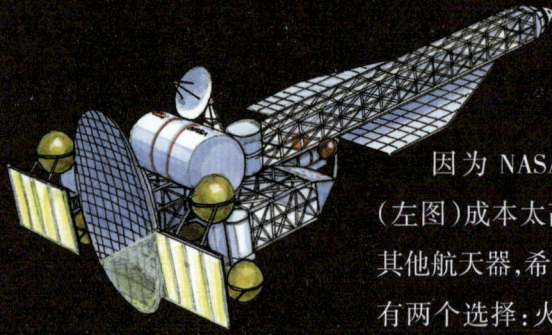

因为 NASA 计划建造的航天器（左图）成本太高，科学家便着手研发其他航天器，希望能降低成本。现在已有两个选择：火星直击航天器（下图）和火星半直击航天器（右图）。

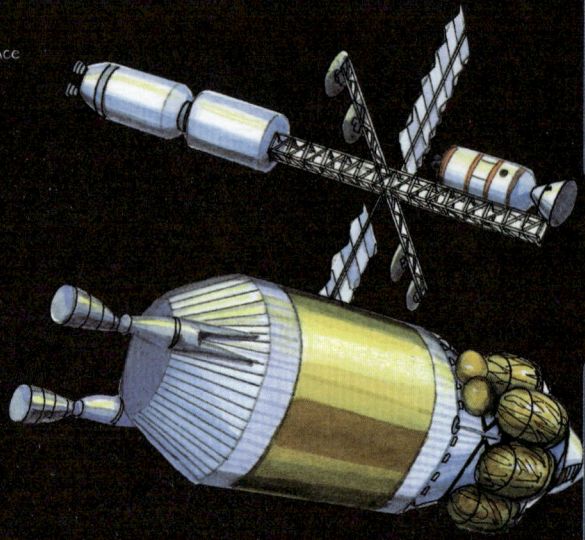

火星直击航天器将使用火星大气制造燃料，为返回地球之旅提供动力。这样一来，该航天器就不必携带返程燃料，因而体型可以缩小，重量也可以减轻。然而，只有等它真的在火星上着陆，我们才能知道这种制造燃料的技术是否有效。

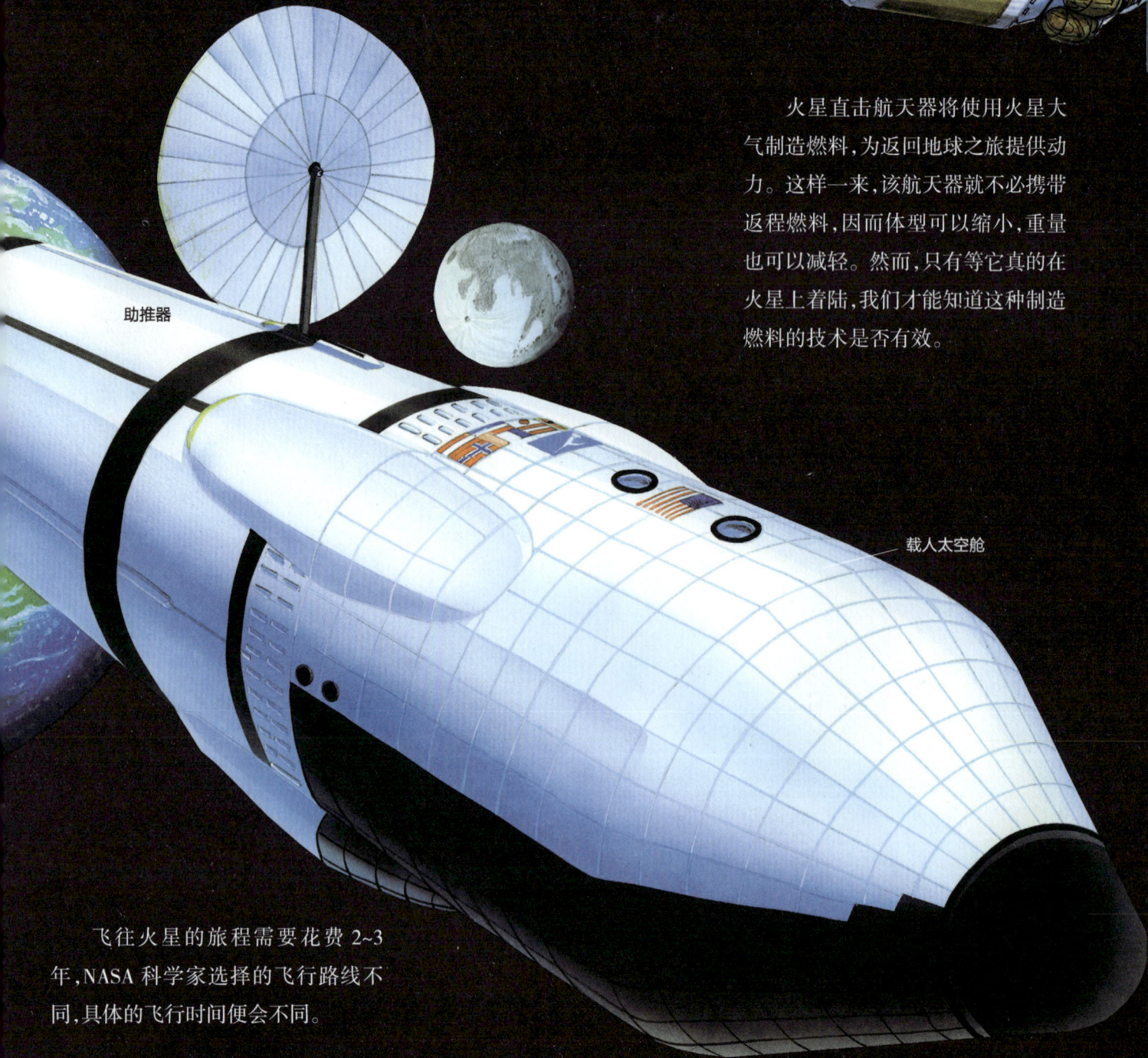

助推器

载人太空舱

飞往火星的旅程需要花费 2~3 年，NASA 科学家选择的飞行路线不同，具体的飞行时间便会不同。

未来的火星登陆

接近火星时，助推火箭被丢弃。

火星直击航天器抵达火星大气层时，它将丢弃助推火箭，因为那时火箭的燃料已经耗尽。助推火箭可能消失在浩瀚太空中，但也有可能成为地球指挥中心和宇航员之间的通信中继站。而航天器本身将进入火星轨道，再降落在火星表面。

火星上非常干燥，沙尘暴频发。宇航员可能面临这样一个问题：这种尘土可能危害他们的设备。它有可能阻塞至关重要的阀门，刮伤保护层，甚至导致电气故障。

人工驾驶探测车将帮助宇航员探索火星。在着陆器的实验室里，宇航员可以研究岩石和土壤样本。

着陆器

人工驾驶探测车

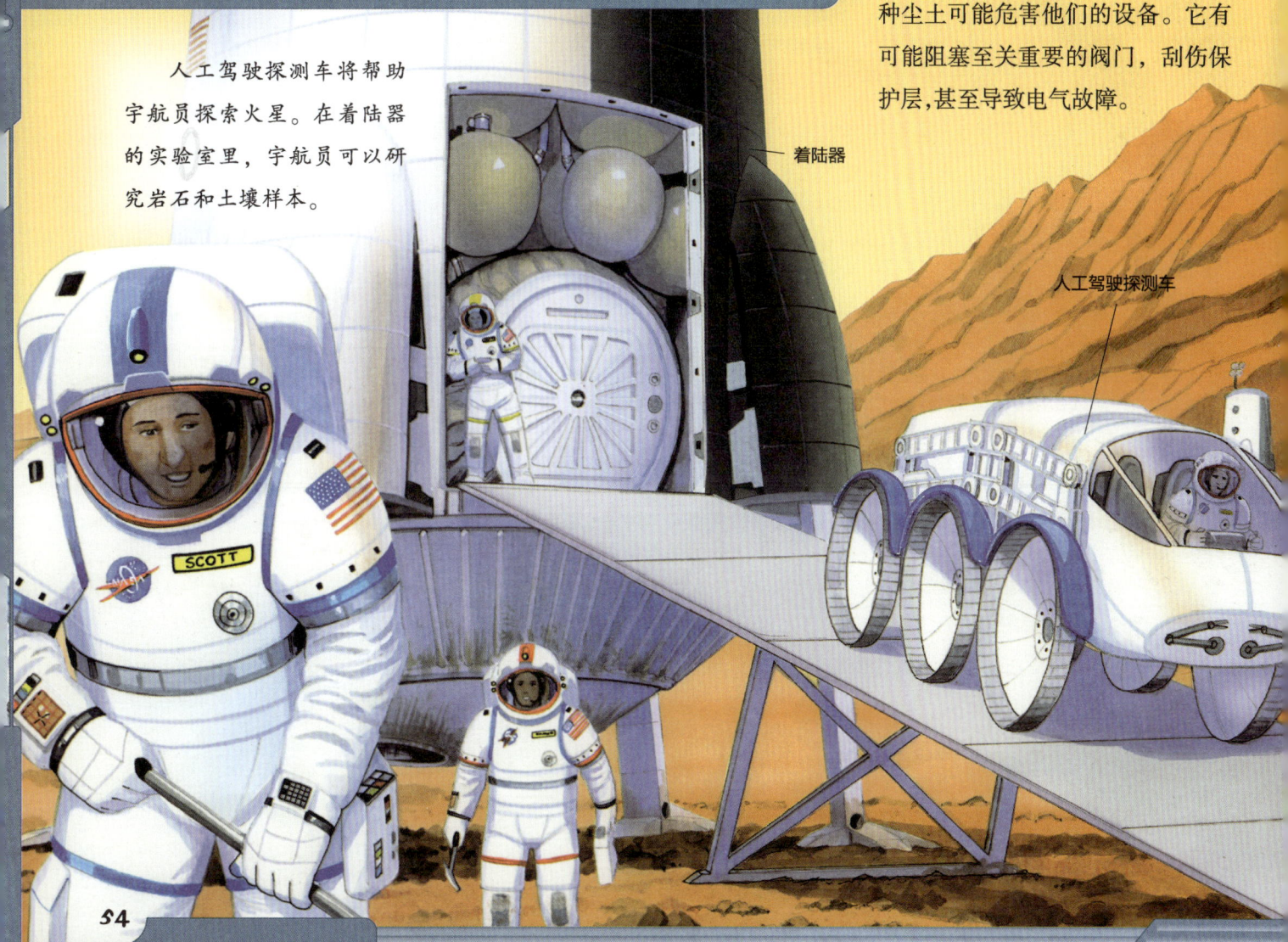

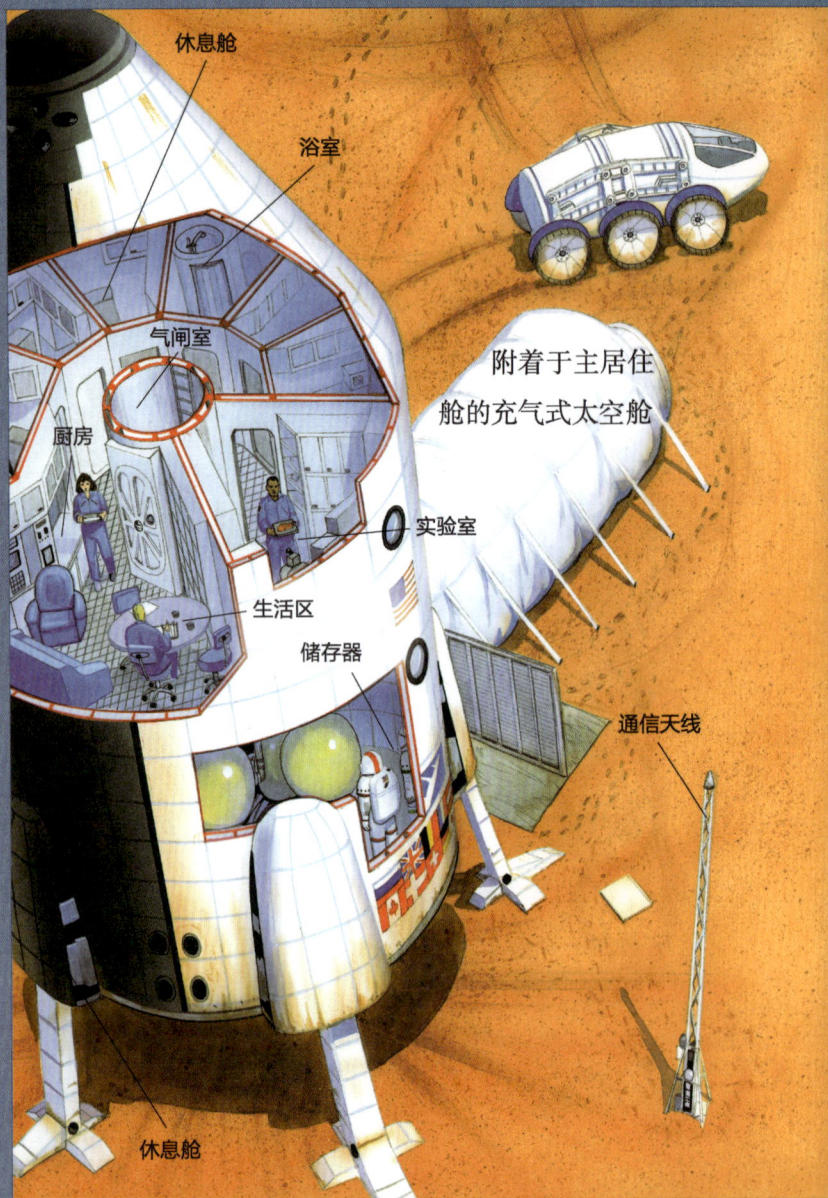

休息舱

浴室

气闸室

厨房

实验室

生活区

储存器

附着于主居住舱的充气式太空舱

通信天线

休息舱

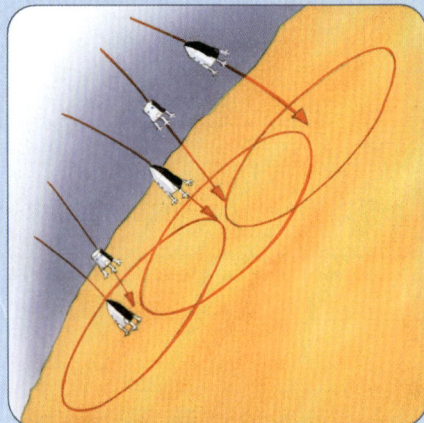

登陆火星计划表

直飞计划：

第一年：自动燃料设备着陆。

第三年：第一批宇航员登陆。

第五年：宇航员返回地球。航天器由第一年着陆的燃料设备提供动力。

第五年或第六年：另一台燃料设备抵达火星，为下一次载人任务制造燃料。如果这一切都很成功，火星上就能建立起几个基地。不过，宇航员需要面临很多问题，例如长期遭受辐射和处于低重力状态。

宇航员中会有一名地质学家，他负责组织取样工作，装配传感器和地震仪，以便测量"火星震"。另一个宇航员则会是系统专家，负责处理着陆器或其他设备的问题。同样的，太阳耀斑辐射仍然可能带来危险。科学家认为，火星大气层会提供一定的保护，而着陆器的气闸室则能提供更多保护。但结果如何，只有人类登上火星后才会知晓答案。

在火星上生活

火星有可能看起来像这样吗？在NASA的计划中，大约在2020年前派出宇航员登陆火星。然后会怎么样？火星温度比地球低，但也有季节之分，一天也是24小时，这一点很重要，因为我们要从地球带植物到那里进行种植。尽管火星上很干燥，但它也有极地冰山。因此，如果把温室气体注入火星大气层增温，融化冰山，造出大海与河流，可能人类可以在那里生活。但这样做是需要时间的：增温需要100年，融化冰山需要500年！

第一个火星基地看起来有可能像这个样子：充气太空舱可以给宇航员提供更多的空间，可食植物能够在充气温室里生长。

在遥远的未来，这有可能是火星的样子吗？

"外星环境地球化"是一个术语，指将火星之类的行星改造成与地球近似的样子。

改变火星气候

如果火星大气层变暖，会有什么情况发生呢？这两张照片便是说明这一点。如果极地冰山渐渐融化，水将向低洼地区流动，火星北半球有大片低地，最后那片地区就会形成海洋。使火星变暖需要很长时间，原因之一是火星的表面温度平均只有 $-60℃$，而地表温度平均值是 $15℃$。而人类要在那里定居也还要很长的时间，这个温度问题也是原因之一。

人类无法呼吸火星空气，因此，无论人们去往哪个地方，都需要携带氧气罐，戴上面罩。从理论上来说，让外星环境地球化，可以改变空气状态，但还有更多紧迫问题需要解决，例如让植物在火星表面生长，而不是只在温室里种植。

遥远的未来

没人知道太空探险会发展到什么程度。如果地球上发生大灾难，太空探险就会停下来。恐龙曾在地球上存活了数百万年，比人类还古老，却早已灭绝，可能就是因为一次宇宙"事故"而已。这样的事故很有可能再次发生。尽管如此，科学家或科幻作家仍然没有放弃研究和思考。现在，地球上的污染越来越严重，人口越来越密集，全球气候也越来越暖和，让人类在太空里生活便变得越来越有吸引力了。

有些人甚至还这样畅想：地球的监狱里囚犯太多，过于拥挤，把他们关到其他行星或太空社区去（见第59页的图），这可是很不错的计划。令人泄气的是，其实这个想法并不新颖。18世纪，澳大利亚成为英国的殖民地，因为那里距英国本土很远，于是就有很多罪犯没有被关到英国监狱里，而是流放到了澳大利亚。当时澳大利亚的环境极其恶劣，如果有人企图逃离，几乎不可能幸存。在太空或其他行星上定居，听起来与当年流放到澳大利亚去很相似！

太阳系的城市

行星间的差异很大，大气层不一样，气候不一样，等等。在每一个行星上，人类都会面临不同的问题。

太空移民计划,旨在解决地球上人满为患的问题。具体做法是设计一个完全自给自足的独立空间,可以容纳成千上万的人。空间站里有人造景观,模仿地球上的景物而造,还有人工"四季"。移民站周围环绕着很多种植器,用于栽种食用植物。

从外面看上去,太空移民区没有窗户,但从内部看截然不同。移民区里不仅有"窗户",从窗户看出去的景色还经常会发生变化,就像你从真正的窗户望出去的感觉是一样的。研制者之所以这样设计,是因为如果没有窗户,住在移民区里的人很快就会得幽闭恐惧症的。

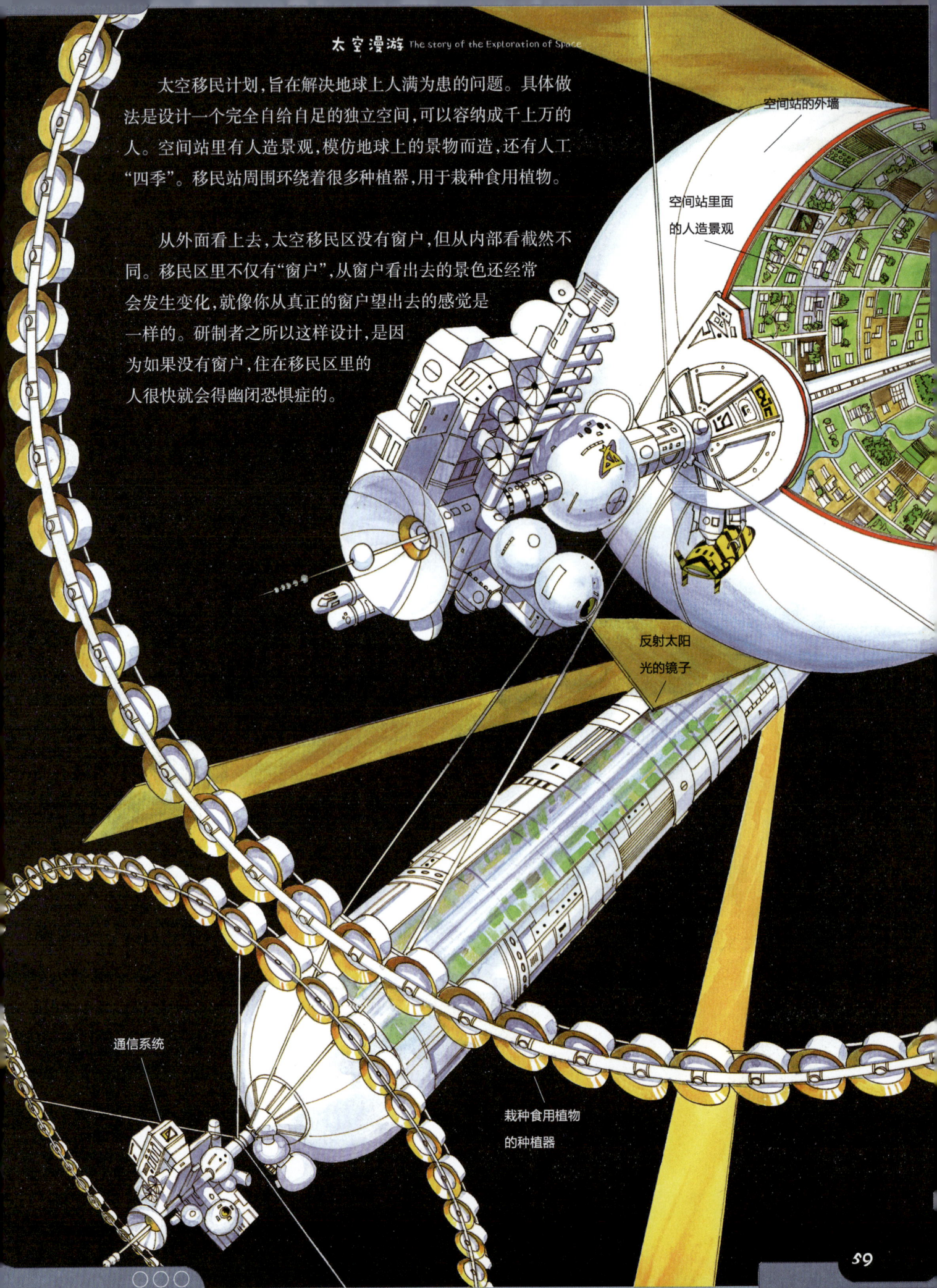

空间站的外墙

空间站里面的人造景观

反射太阳光的镜子

通信系统

栽种食用植物的种植器

术语表

altitude 海拔,通常以海平面为起始参照物,指地面某个地点高出海平面的垂直距离。

astronaut 宇航员,受过特别训练、可以在太空飞行的人。

atmosphere 大气层,围绕地球的气体层。

booster 助推器,一种火箭引擎。它在火箭发射时可以产生额外动力,随后会被丢弃。

capsule 太空舱,宇宙飞船的一部分,宇航员进行太空航行时待在其中。

claustrophobic 幽闭恐惧症,一种心理疾病。身处小型封闭空间时,该类型患者会出现恐惧心理。

cosmonaut 航天员,俄语中"宇航员"的意思。

docking 对接,两个航天器在太空连接。

ESA 欧洲航天局(European Space Agency),负责欧洲太空研究的机构。

G G 度量重力加速度的单位。

geologist 地质学家,研究岩石成分的人。

gravity 重力(引力),牵引某物朝向地心、太阳以及其他行星的力量。

HST 哈勃太空望远镜(Hubble Space Telescope)。

ISS 国际空间站(The International Space Station)。

jettison 丢弃,抛弃无用的东西,例如空燃料箱或助推器。

lander 着陆器,宇宙飞船降落在行星或月球上的一部分。

light-year 光年,光在真空中沿直线传播一年时间的距离,约合 9.5 万亿千米。它不是时间单位,而是长度单位。

liquid fuel 液态燃料,将气体冷却变为液体,用作火箭燃料等。

LRV 月面考察车(Lunar roving vehicle)。

lunar 月球的,与月球有关的。

Mach 马赫,速度单位,1 马赫即 1 倍声速,换算后约等于每小时 1 224 千米。

Martian 火星的,与火星有关的。

microgravity 微重力,失重的另一说法。

micrometeoroids 微流星体,宇宙空间中细小的尘埃和岩石颗粒。

module 舱,宇宙飞船的一部分,可与飞船其他部分分离后单独使用。

NASA 美国国家航空航天局(National Aeronautic and Space Administration),在美国负责太空研究的机构。

orbit 轨道,一个物体围绕另一物体运动时的弯曲路径。

orbiter 轨道飞行器,一个航天器或航天器的一个舱,用于绕月球或行星运行。

payload 运载量,运载工具的承载量,例如飞机的载客量,航天器上通信卫星的数量。

probe 探测器,一种机械设置,由地球上的指挥中心控制,用于探索和研究太空。

propellant 推进剂,在火箭引擎中燃烧的任何燃料,用于提供推力。

rover 探测车,有轮子的仪器,用于探索行星表面。

solar flare 太阳耀斑,太阳大气内的磁场能量突然释放,造成色球层"增亮",形成耀斑,俗称"太阳风暴"。

terraforming 外星环境地球化,对其他行星进行改造的行为,使其与地球相似,以便人类可以去那里定居。

thrust 推力,火箭引擎产生的推动力量。

weightlessness 失重,宇宙飞船绕轨道飞行时宇航员出现的生理状况,他们会漂浮起来,好像没有任何重量一样。

zero gravity 零重力,没有重力牵引的失重状态。

1. "阿波罗1号"（怀特、格里森、查菲）

2. "阿波罗9号"（麦可迪维特、斯科特、施威卡特）

3. "阿波罗10号"（斯塔福德、杨、赛尔南）

4. "阿波罗11号"

5. "阿波罗12号"（康拉德、戈尔登、宾）

6. 阿波罗13号（源于明月，智识）

7. 阿波罗16号（杨、马丁利、杜克）

8. 挑战者号（维兹、彼得森）STS-6任务

（马斯格雷夫、鲍勃科）

* 背景介绍：徽章中央为一艘在美国东南部上空飞行的指挥／服务舱，突显出原计划的发射点佛罗里达州。远处为月球，象征月球为阿波罗计划的最终目标。徽章的黄色镶边有此任务和宇航员的姓，外围再有一条有星星和横条的金边。

这艘宇宙飞船长 37 米，翼展宽度 25 米，可以装载 29500 千克的货物。执行此次任务时，它载着欧洲航天局的太空实验室和其他实验设备。

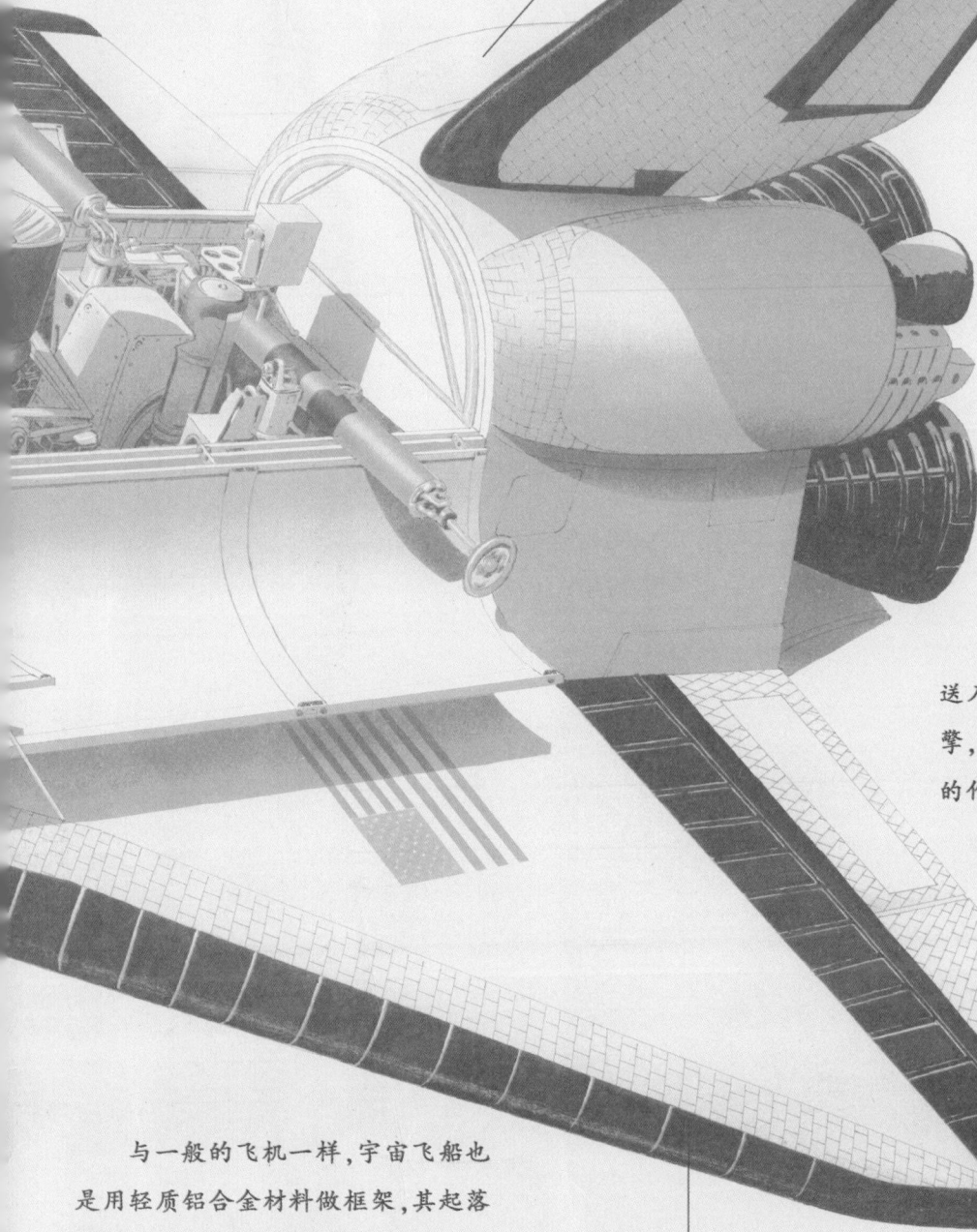

尾翼

方向舵

发动机吊舱

飞船返回地球时，其外层的隔热瓦（下图）可以起保护作用，让飞船能抵御超过 2000℃ 的高温，飞船的下部、双翼边沿和前端都覆盖有隔热瓦。每一块隔热瓦都有其独特之处，从整体上看则像一副七巧板。

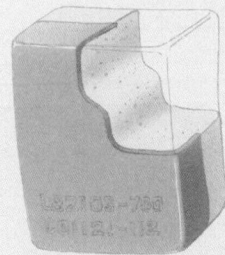

主引擎只在发射时使用，把飞船送入不同轨道的是轨道机动系统引擎，这种引擎主要起让飞船减慢速度的作用，以使其能顺利返回地球。此外，飞船还拥有 44 个小型助推器，用于对其速度和位置进行细小调整。飞船降落时，方向舵和"升降副翼"则控制其滑行状态，此时方向舵会分成两半，以减缓飞船的着陆速度。

与一般的飞机一样，宇宙飞船也是用轻质铝合金材料做框架，其起落架为伸缩式结构。绕轨道飞行时，飞船的有效载荷舱门是打开的，因其内部有散热器，有助驱散飞船上各种电子仪器产生的热量。

覆碳前端

升降副翼